1970—2025 时尚之旅
棉花娃娃的时尚衣橱

wawaちゃんのお洋服
Fashion Time Travel
ファッションタイムトラベル
1970→2025

[日]平栗阿兹萨 著
梦伢Musae 译

東華大學出版社·上海

前言

无论是棉花娃娃还是娃衣,
你都可以按自己的喜好随心所欲地创作,
这正是"棉花娃娃"的魅力之一。

制作这本书的初衷,
旨在提供丰富多样的娃娃制作与服装搭配创意,
激发读者的无限想象,
让每个人都能畅想并打造出
自己心仪的娃娃形象与独特的服饰。
愿你乐在其中!

平栗阿兹萨

目 录

- wawa酱小档案 —— 018
- 工具 —— 018
- 材料 —— 019
- 布料 —— 020
- 制作娃衣的小贴士 —— 021

基础款娃衣制作方法
~实拍步骤篇~
025

- 长款T恤 —— 026
- 裤子 —— 029
- 连帽衫 —— 031
- 花边裙 —— 034
- 连衣裙 —— 035

娃衣的制作方法
~配图解说篇~
039

- 猫耳耳机 —— 040
- 运动夹克 —— 042
- 围裙 —— 044
- 渔夫帽 —— 046
- 斜挎包 —— 048
- 长袜／短袜 —— 049
- 鞋子／浅口鞋 —— 049
- 中式旗袍 —— 050
- 小围裙 —— 051
- 发包 —— 052
- 刺绣夹克衫 —— 054
- 插肩袖T恤 —— 056
- 工装裤 —— 058
- 荷叶边衬衫 —— 060

- 背带裙 —— 062
- 兔耳朵发带 —— 064
- 兔女郎装 —— 066
- 连裤袜 —— 068
- 袖口 —— 069
- 领结 —— 069
- 花边褶发带 —— 070
- 贝雷帽 —— 072
- 单肩包 —— 074
- 衬衫裙 —— 075
- 短袖衬衫 —— 078
- 丝带发带 —— 080
- 少女漫画连衣裙 —— 082
- 王子衬衫 —— 084

- 纸样 —— 086
- 附录 —— 110
  脸部刺绣图案&发型纸样
- 关于商用的说明 —— 111

2025

きょうもいちにちなーーーんにもしないよ

じゅーーーーじのメイド

004

1 猫耳耳机（p.40）

2 运动夹克（p.42）

3 围裙（p.44）

005

2025

Kowloon HORROR Night

- 4 渔夫帽（p.46）
- 5 长款T恤（p.26）
- 6 连帽衫（p.31）
- 7 裤子（p.29）
- 8 斜挎包（p.48）

006

HAPPY DIMSUM DINER

好吃吗？ 欢迎♡

2025

9 发包（p.52）

10 中式旗袍（p.50）

11 小围裙（p.51）

12 长袜（p.49）

13 鞋子（p.49）

007

2020

008

14 刺绣夹克衫（p.54）

17 荷叶边衬衫（p.60）

15 插肩袖T恤（p.56）

18 背带裙（p.62）

16 工装裤（p.58）

19 花边裙（p.34）

12 长袜（p.49）

13 鞋子（p.49）

009

1990

Welcome back to the Nineties!

010

25 花边褶发带（p.70）

3 围裙（p.44）

20 兔耳朵发带（p.64）

22 兔女郎装（p.66）

26 连衣裙（p.35）

21 领结、袖口（p.69）

23 连裤袜（p.68）

19 花边裙（p.34）

24 浅口鞋（p.49）

12 长袜（p.49）

13 鞋子（p.49）

011

1980

爱上了格子花纹……

27 贝雷帽（p.72）

5 长款T恤（p.26）

27 贝雷帽（p.72）

29 单肩包（p.74）

28 衬衫裙（p.75）

30 短袖衬衫（p.78）

12 长袜（p.49）

7 裤子（p.29）

31 短袜（p.49）

13 鞋子（p.49）

13 鞋子（p.49）

013

1970

32 丝带发带（p.80）

34 王子衬衫（p.84）

33 少女漫画连衣裙（p.82）

7 裤子（p.29）

19 花边裙（p.34）

31 短袜（p.49）

13 鞋子（p.49）

12 长袜（p.49）

13 鞋子（p.49）

015

大家一起来换装吧！

背着同款包包出去玩

今天和朋友约了下午茶……

日×月

017

wawa酱 小档案

本书为《手作心爱棉花娃娃：wawa酱缝制指南》中讲解的棉花娃娃"wawa酱"的服饰制作教程。

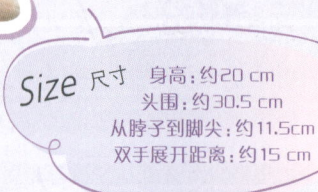

Size 尺寸
身高：约20 cm
头围：约30.5 cm
从脖子到脚尖：约11.5cm
双手展开距离：约15 cm

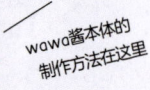

wawa酱本体的制作方法在这里

《手作心爱棉花娃娃：wawa酱缝制指南》（てづくり推しぬい wawaちゃん，Graphic-sha出版社）

如果给15cm大小的棉花娃娃穿，请将本书的纸样缩印到78%。

工具

记号笔
在布上描纸样时使用。可根据布的颜色，选择不同颜色的笔。
百乐（Pilot）可擦写极细记号笔（黑、白） 
三菱（Uni）0.8mm针管笔（银色）

美工刀
在切割打印的纸样时使用。

手工剪刀
用于裁剪布料。

剪线剪刀（U型夹剪）
用于剪线头。

缝针
缝合时，推荐使用可乐牌（Clover）的缝针。

手缝线
50～60号。推荐富吉克斯公司（Fuji×）的"pice""Shapespan"手缝线。

缝纫机线
对于薄一些的布料推荐90号、普通厚度的布料推荐50～60号、针织类布料推荐富吉克斯公司的"Rejilon"。

珠针
用于在缝制之前将布料固定在一起。

布用胶水
用于粘贴一些细小的部件。

锁边液
涂在布边可以有效防止布料边缘散边（参考p.22）。

滚动展布器
展开缝份时使用，十分方便。

手工钳
将缝在折叠面中的布料重新翻回正面时使用。

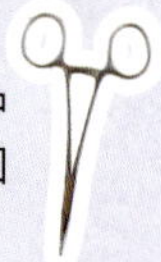

镊子
整理服装的边角，或者粘贴细小部件时使用。

锥子
整理服装边角时使用。

齿状剪
在布料上添加三角形齿状剪切口时使用（参考p.23）。

拆线器
将接缝处拆开时使用。

熨斗
用于熨烫缝份、整理造型等。

材料

魔术贴/尼龙贴（玩偶用）
加在衣服的开合处。推荐使用玩偶专用的薄款。一般是将魔术贴缝制在衣服上，但也可以使用强力双面胶粘合。

松紧带
用于裤子和裙子的腰围处。推荐使用细的4股松紧带（约3.5mm宽）。

蕾丝
用于下摆等处作为装饰。本书多使用较细的蕾丝（5mm宽）。

波浪形织带
用于围裙边缘等位置的装饰。本书使用宽度3mm左右的款式。

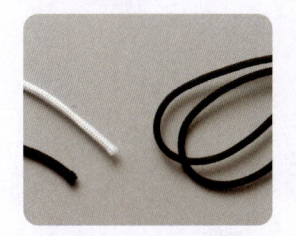

绳子
在本书中，装饰结使用的是人造纤维制成的扁绳，小包的肩带使用的是细圆形橡皮筋。

丝带
有各种各样的质感和宽度，可根据喜好选择适合自己娃娃的来使用。

塑料线
由塑料制成的"电线"。本书中用于发箍的内部。

铝线
买不到塑料线的时候，铝线可以作为替代品使用。

拉链
本书示例使用较细的拉链。推荐玩偶用的极细款。

水钻贴/热熔钻
贴纸可以在零售店购买。热熔钻可以在手工艺用品店铺等购买。

刺绣贴
只要粘贴上就可以，用于服装的装饰。

带扣（玩偶用）
装饰用的带扣。可以穿过2~3mm宽的丝带。

纽扣
适合娃娃用的小型纽扣。

布料

平纹布 需要锁边液
平纹织物，有各种各样的花纹。其中包括厚度适中、易于处理的细棉布，以及轻薄光滑的棉质细纺布等。

涤纶针织布
柔软且不容易起皱的薄针织布，弹性足。

针织汗布
有些厚的针织布料，适合运动服。

TANIPON 需要锁边液
轻薄的涤纶布料。适合用于制作衬衫或连衣裙。

罗纹针织布
针织布料，表面有凹凸条纹。

针织里布
这种布料也被称为尼龙针织布或缝制布。其边缘无需额外处理。本书中用作衣服的里布布料。

薄纱
多边形网眼状的薄布料。

涤纶缎面 需要锁边液
即涤纶色丁，织物为缎纹组织。其特点是手感光滑且具有光泽。

单向缎面
可以横向拉伸的缎面布料。

薄款弹力针织布
薄款针织布，弹性大。

EVA纸
轻而柔软、具有弹性的EVA材质的海绵纸。可以在零售店购买。本书中使用2mm厚度的EVA纸。

合成革
合成皮革。较薄且易于制作。

涂层针织布
表面经过树脂喷涂的薄针织布，其特点是表面光滑。

软绒布
短绒毛的针织布料，触感柔软。

5mm绒布
和普通的绒布相比，绒毛更长。

防水尼龙
用尼龙纱编织而成，防水性能优异，表面光滑且有挺括感。

制作娃衣的小贴士

建议在制作之前复习一遍,也许会有新的灵感。

手工缝制、缝纫机制作都可以!

基本的缝制方法

本书刊登的作品和工艺都是使用缝纫机制作完成的,当然,手工缝制也可以做得很漂亮。

手工缝制

与使用缝纫机相比,手工缝制虽然耗时较长,但如果细致地缝制,成品会更加精美。建议针距控制在1.5~2mm,并使用双股线进行缝制。

平针缝

棉质平纹布料使用平针缝。缝好后用手指将缝线捋顺是关键。

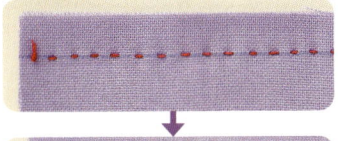

〈展开缝份的地方〉

半回针缝

"将布料的正面相对进行缝合"的地方和针织布料推荐采用半回针缝。这种缝合方式用于从外面看不见的部位时,若精心缝制,其牢固程度可与缝纫机缝制相媲美。为了防止产生缝纫皱褶,请在布料拉紧的状态下进行缝合。

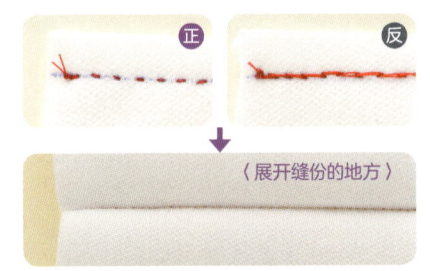

正 / 反

〈展开缝份的地方〉

半回针缝的方法

如图所示,向前出针之后再向后一半处回针缝制。和普通的平针缝相比,这种缝制方法不仅强度更高,还具有一定的伸缩性,能使成品更加结实耐用。

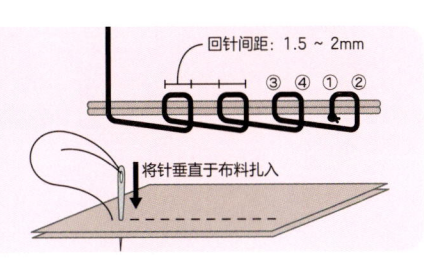

回针间距:1.5~2mm

将针垂直于布料扎入

缝纫机

请使用与布料厚度相匹配的针和线。在缝制细小部件、转角等有难度的部分时,需要双手并用,因此推荐使用带有脚踏控制器和膝控抬压脚功能的缝纫机,以便更轻松地进行操作。

可根据需要缝纫的部分和自己的习惯,灵活运用手缝或机缝。

将纸样拓描到布料上的方法

拓描纸样的复制方法多种多样，这里以wawa酱纸样为例子进行介绍。最终成品线不固定，可以根据喜好自由描绘。

纸样需要准备两张！

1. 沿裁剪线和成品线（净线/缝合线）分别裁剪。
2. 把裁剪线描绘在布料上。 
3. 以边缘部分作为中心线翻转，描绘另一边。 
4. 描绘好裁剪线的效果。
5. 用与2相同的方式，描绘沿成品线剪下的纸样。 
6. 以边缘部分作为中心线翻转，描绘另一边。 
7. 最后，画出对位标记。 
8. 纸样拓描完成。 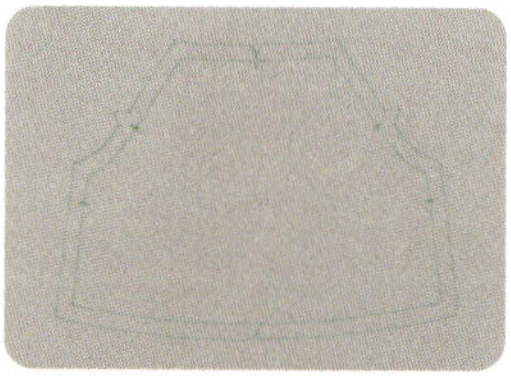

防散边处理

在娃衣裁片的边缘涂上锁边液。

从远处开始涂

开始涂的时候会有很多的液体流出，所以要从远处开始

1. 在布料下面垫针织里布，防止渗透。
2. 在裁剪线上涂上锁边液。
3. 图示为涂好后的痕迹，晾干后再裁剪。

下摆（正面）可见的缝线

注意，对于缝线明显的部位，要缝得特别整齐美观。

正　反

手工缝制
正面可见的缝线如果用单线缝，并缩短针距，就不那么明显了。

缝纫机
务必仔细调整线的张力！如果追求完美直线，可以使用定规或带齿压脚等工具辅助。

粘贴
下摆和袖口也可以用布用胶水、双面胶带或胶水粘贴固定。注意少量使用，避免渗透到正面。

穿松紧带

在本书的制作中,主要介绍使用缝纫机缝制的方法,当然,手工缝制也可以。

手工缝制
基本与缝纫机缝制的方法相同(参照p.30)。缝的时候要注意,不要把松紧带缝进去。

一边拉松紧带一边缝
固定

抽褶

介绍手缝和机缝两种方法。

手缝
将褶皱部分用平针并排缝(两条线),然后拉紧线,按需要的长度收拢褶皱。

机缝
用针距3mm左右粗缝两条线迹,一起拉动尾部的两条底线。不要一次性抽紧,而是分几次一点点地收拢抽褶。

一开始先回针缝两针
拉两根底线

打剪口

在缝份上打剪口,翻面后曲线的弧度就会更漂亮。

曲线部分缝制完成后,先在缝份处打剪口,再翻回正面。如右图所示,进行剪口处理后,会形成流畅的圆弧。

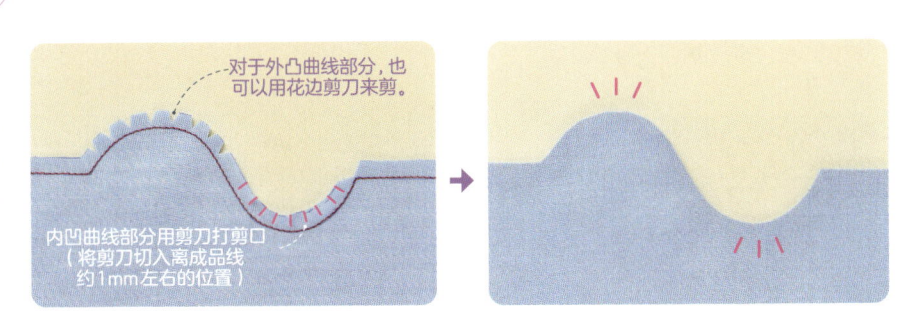

对于外凸曲线部分,也可以用花边剪刀来剪。
内凹曲线部分用剪刀打剪口(将剪刀切入离成品线约1mm左右的位置)

扇贝边

下摆像波浪一样的设计是扇贝形装饰边。在本书少女漫画连衣裙（p.82）中出现。

手工缝制
在画成品线处缝合。

缝纫机缝制
用缝纫机缝制时，很难进行细微的调整，但如果像右图左边图示那样，避免凸起处过于尖锐，那么在翻到正面后就不容易起褶皱。

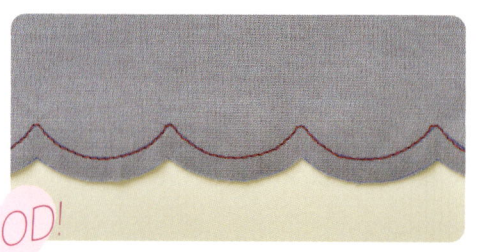

GOOD!　　NG

在缝好后的缝份上打剪口。这里的关键是剪口要停在成品线前1mm左右。

将其翻回正面，调整形状，然后用熨斗熨烫平整。在熨烫时要注意：尽量让凸起部分保持平整，避免出现褶皱，这样就能做出漂亮的扇贝边。

展开缝份

各个部分缝合后，将缝份向两侧展开并熨烫平整，这样正面就不会有明显的凸起，会更平整。这一操作也叫"分缝"。

缝份

再升一个等级！
精致完美的诀窍

手工艺书上经常写着"细心地完成"，但具体应该怎么做呢？答案多种多样，其中一个就是：在缝制过程中始终以最终效果为导向，通过想象成品最理想的状态，调整每一步操作。

例如，在缝合布料之前，先想象一下缝好之后的理想状态，比如"针脚细小且均匀排列""缝好的地方没有褶皱且平整""拉扯针脚时缝线也不会松动"等。从这些理想状态倒推回去，就会想到"现在这种大针脚是达不到这种效果的""要一边拉紧布料一边缝"等，这样就能找到更具体的解决方法。

基础款娃衣制作方法
~实拍步骤篇~

本章将通过分步图解介绍如何制作T恤、裤子、裙子等五款涵盖娃衣基础技巧的单品制作方法。

5	7	6	19	26
长款T恤	裤子	连帽衫	花边裙	连衣裙

长款T恤

纸样: **5** p.91

材料准备
- 涤纶针织布：宽40cm × 长20cm
- 装饰绳（直径2mm）：长20cm × 3根
- 魔术贴：宽0.8cm × 长6cm

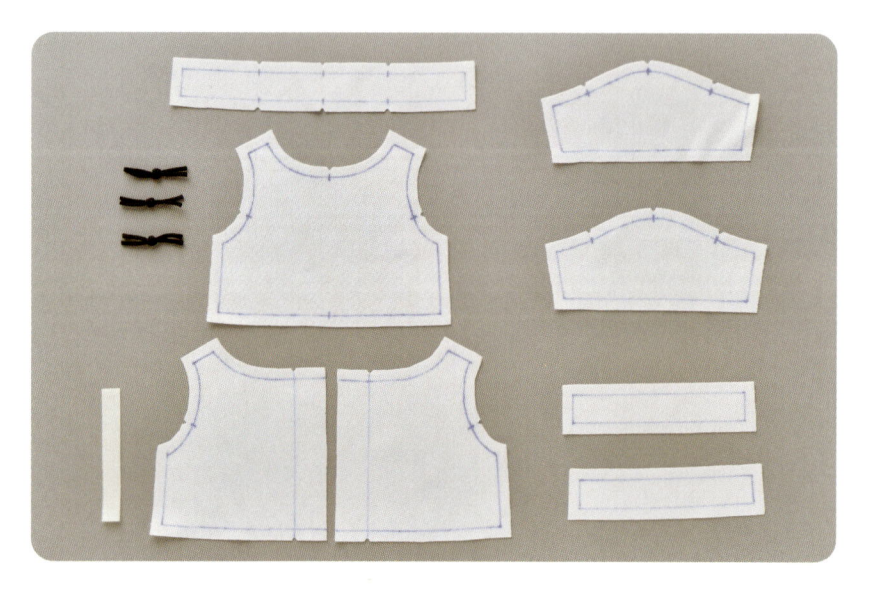

1 按纸样描画在布上，剪好所有的裁片。

中式扣的系法

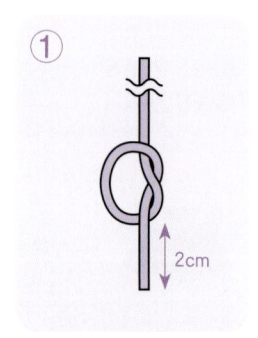

① 将装饰绳剪成约20cm的一段，在距离边缘2cm处打一个松散的结。

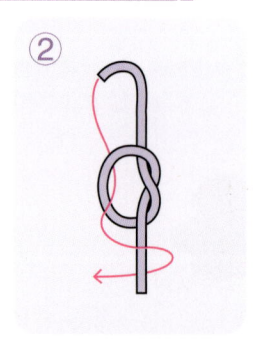

② 将较长的绳子如图所示绕在一起。

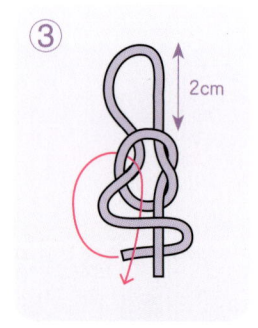

③ 将环的前端长度调整为2cm左右，如图所示，继续缠绕。

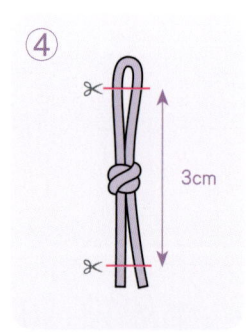

④ 均匀用力收紧并调整形状后，将绳子的末端对齐，剪断后在末端涂抹锁边液。

过程

2 在前片如图所示的位置用布用胶水贴上中式扣。

3 将前片和后片对齐，缝合肩线。

4 将袖口罗纹对折后，与袖子正面相对，对齐，沿成品线缝合。
※袖口罗纹需要边拉伸边缝。

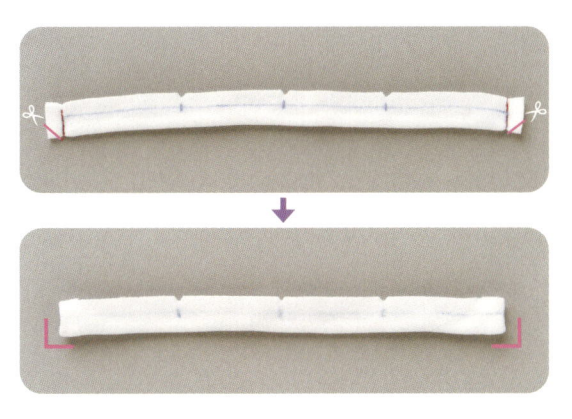

5 将领口罗纹正面对折，在两端沿着成品线缝合。修剪缝份的角，翻到正面后，将角整理平整。

6 将后片后中心处（3）的边缘向内侧折1.5cm，缝合固定上端。

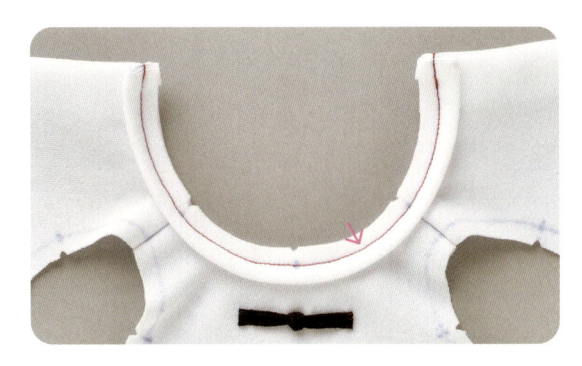

7 将领口罗纹（5）与衣身对齐后，沿着成品线缝合。
※罗纹需要边拉伸边缝。

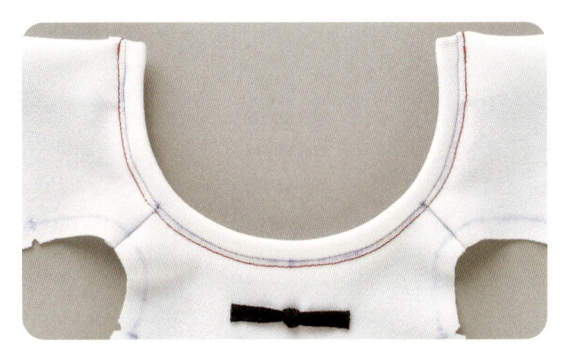

8 将领口罗纹的缝份倒向衣身内侧，可以根据个人喜好决定是否缝明线。如果不缝明线，也可以用熨斗压烫领口。

027

9 将衣身和袖子正面相对，沿成品线缝合。

10 将袖子、腋下、侧缝，正面相对后，沿成品线缝合。

11 将后中心处边缘的下摆向正面折1.5cm，缝合固定图中箭头所指的这两处。

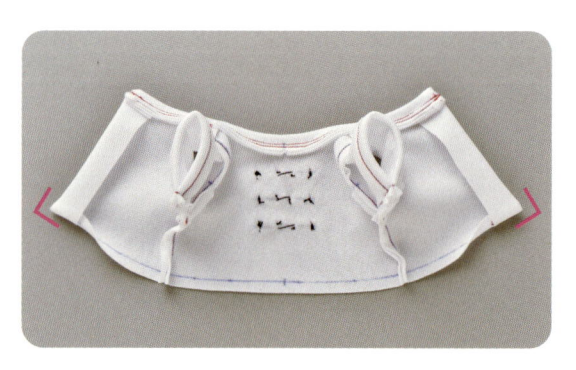

12 将11缝好的部分翻到正面，把角整理平整。

13 将下摆向内折叠并缝明线，也可以用布用胶水粘贴固定。

14 在后中心处缝上魔术贴，T恤就完成了。

毛面
钩面

裤子

纸样: 7 p.93

材料准备
- 平纹布：宽32cm×长12cm
- 松紧带（宽3.5mm）：适量

※不论是长款还是短款，制作方法都是一样的。

1 按纸样描画在布上，剪好所有的裁片。

2 将下摆沿成品线向内折，在距离边缘2mm处缝明线。

3 将两片的前裆对齐，沿成品线缝合，在缝份的曲线处打一些剪口。

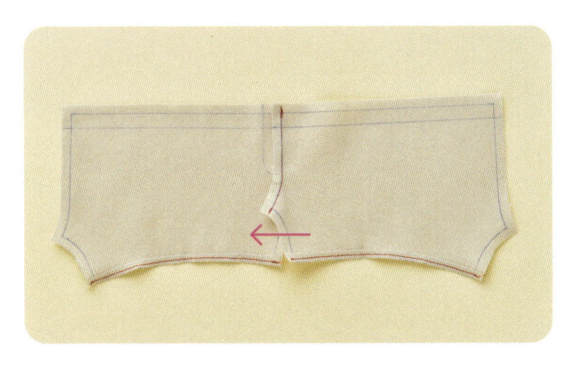

4 将3完成的部件摊开，将缝份倒向左侧。

5 翻到正面，在上面缝装饰线。

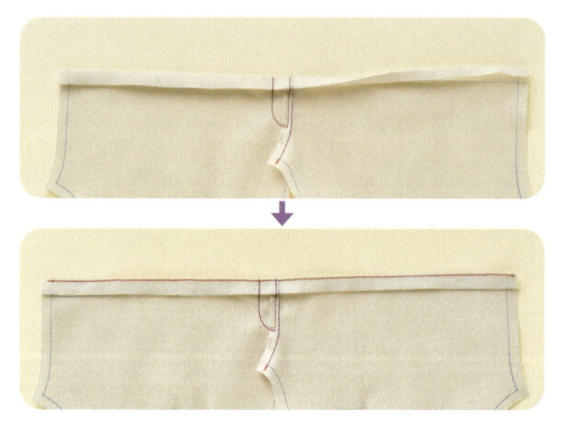

6 将腰头向内折5mm,再折到成品线位置熨烫平整,根据自己的喜好决定是否缝明线。

7 将松紧带的末端夹在中间并固定,缝合箭头指向的那条线。注意,不要将松紧带缝进去。

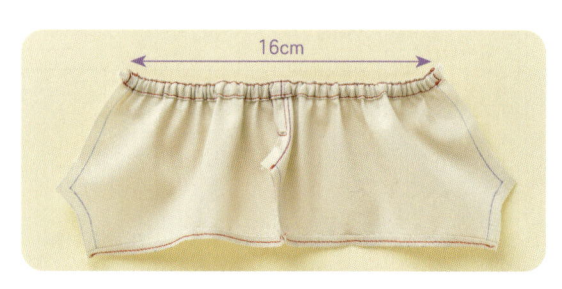

8 拉紧松紧带,使腰部长度缩至16cm,固定末端,然后剪掉多余的松紧带。

9 在后裆处将正面对齐,沿成品线缝合。

10 将后裆的缝份分烫开,使其倒向左右两边,固定松紧带部分。

11 将裤腿内侧缝正面对齐,沿成品线缝合。再翻回正面,裤子就完成了。

过程

连帽衫

纸样：6　p.92

材料准备
- 针织汗布：宽50cm×长20cm
- 针织里布：宽20cm×长10cm
- 魔术贴：宽0.8cm×长6.5cm

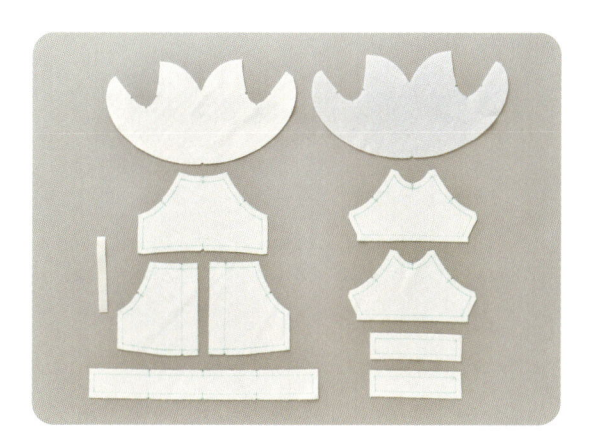

1 按纸样描画在布上，剪好所有的裁片。

2 将袖口罗纹对折后，与袖子正面相对，对齐，沿成品线缝合。
※袖口罗纹需要边拉伸边缝。

对折　对折

3 将前片、袖子、后片，分别正面相对，依次缝合。
将后中心处的边缘向内折1.5 cm，根据图中箭头标示的位置，缝合固定上下共四处。

4 将帽子的面布和里布正面相对，沿成品线缝两条线，然后用剪刀在图中所示处打剪口。

031

5. 将4翻到正面，距离边缘2mm处缝合一圈明线。

6. 将帽子(5)的一侧与衣身裁片(3)的领口对齐，沿成品线缝合。

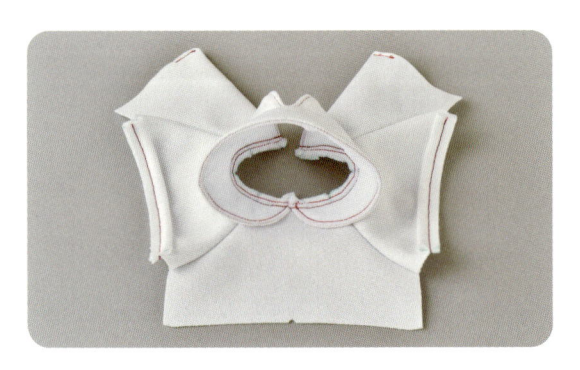

7. 用6的缝合方法，缝合另一侧。

8. 将袖子、腋下、侧缝，正面相对后，沿成品线缝合。

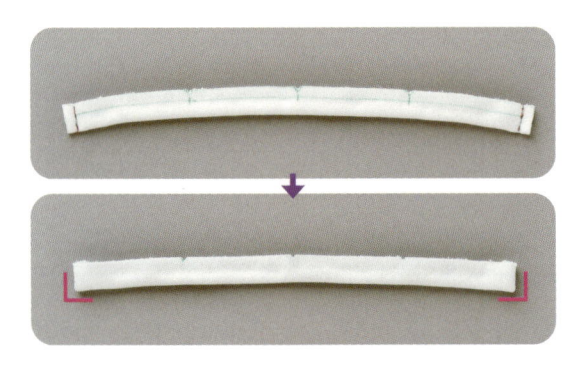

9. 将下摆罗纹正面对折，在两端沿着成品线缝合。修剪缝份的角，翻到正面后，将角整理平整。

10. 将下摆罗纹(9)叠在衣身下摆的正面，并沿成品线缝合。

11 在后中心处缝上魔术贴，连帽衫就完成了。

毛面
钩面

连帽衫的穿法

1 将身体穿过连帽衫的领口，再将手臂穿过。

2 固定魔术贴。

3 根据左图所示整理帽子部分，将帽兜的边缘提起并调整造型，使其贴合后脑勺。背影也很时尚。

花边裙

纸样：**19** p.100

材料准备
- 平纹布：宽55cm×长10cm
- 松紧带（宽3.5mm）：适量
- 蕾丝花边：55cm（若下摆有蕾丝装饰）

1 按纸样描画在布上，剪好所有的裁片。

2 将花边褶的下摆向内折，在距离边缘2mm处缝明线。如果要在下摆上装饰蕾丝，请将花边叠放在缝份处一起缝合。

3 将花边褶抽褶（参照p.23）与裙子的下摆长度对齐，正面相对，在正面缝明线。

4 将缝份倒向裙子一侧，用熨斗压烫整理。

5 与裤子（参照 p.30 6~8）腰部的做法一样，缝制松紧带穿过腰头部分。

6 将裙子后中的两端正面对齐，缝合，展开缝份，使其倒向两边，并固定松紧带部分（参见 p.30 10）。

连衣裙

纸样：26 p.102~103

材料准备
- 平纹布：宽50cm×长20cm
- 平纹布（衣领、袖口用）：宽40cm×长8cm
- 涤纶缎面（蝴蝶结用）：宽15cm×长10cm
- 魔术贴：宽0.8cm×长3.5cm
  宽0.8cm×长3.8cm

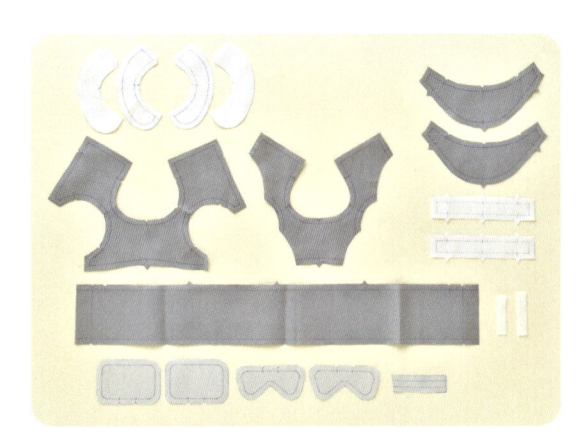

1 按纸样描画在布上，剪好所有的裁片。

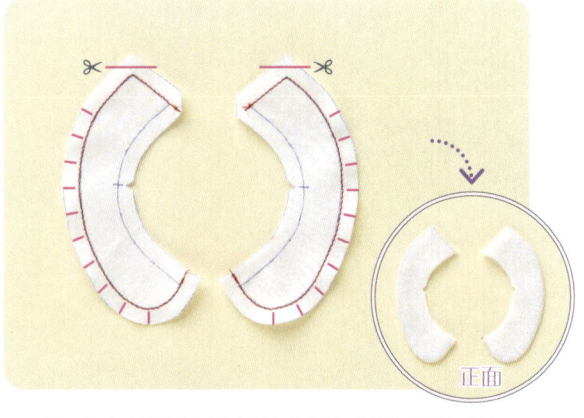

2 将左右两侧衣领的面布和里布分别正面相对并缝合，打剪口后翻回正面熨烫平整。

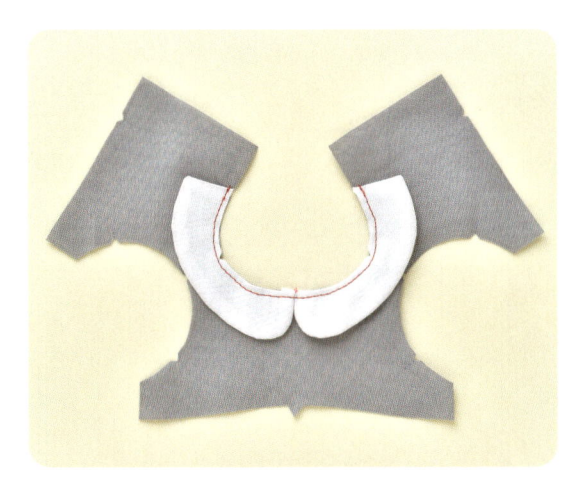

3 将衣领（2）叠在衣身正面的领口处，在距离边缘2~3mm处缝明线。

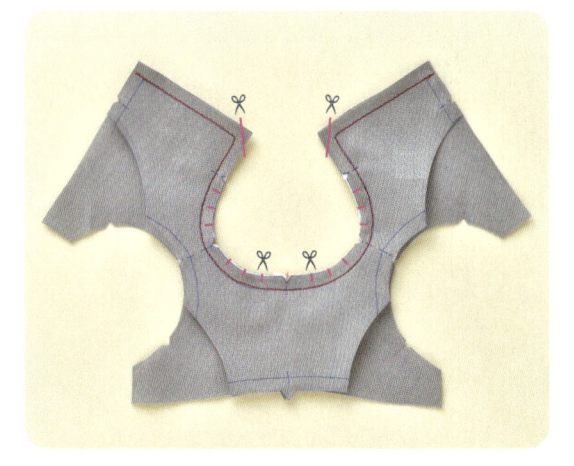

4 将3和贴边正面相对，缝合后中心处和领口，然后根据图中所示位置打剪口。

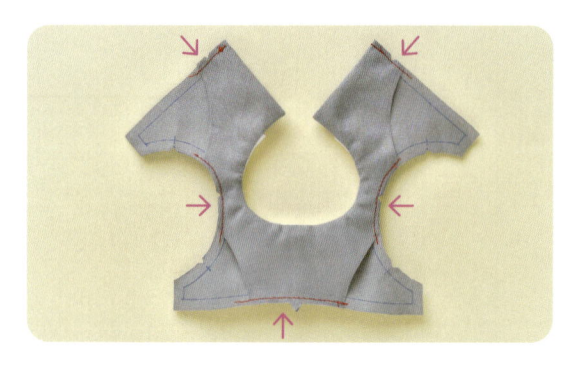

5. 翻到正面，用熨斗熨烫整理，缝合图中五处箭头指向的部分。

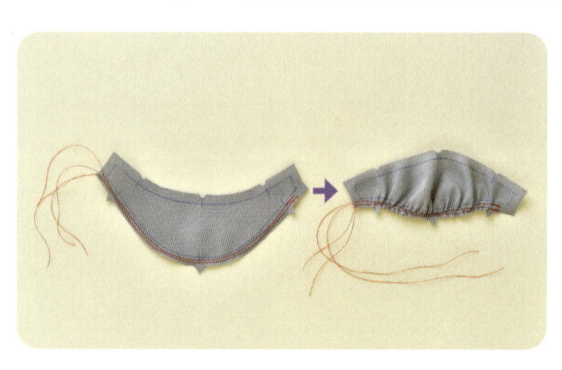

6. 将袖口抽褶，使其长度与袖克夫一致（参见p.23）。

7. 将袖克夫对折，与袖子正面相对，对齐，沿成品线缝合。

8. 将衣身和袖子（7）正面相对，沿成品线缝合。

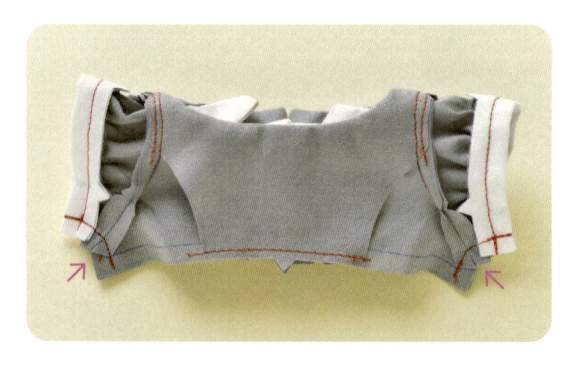

9. 将袖子、腋下、侧缝，正面相对后，沿成品线缝合。

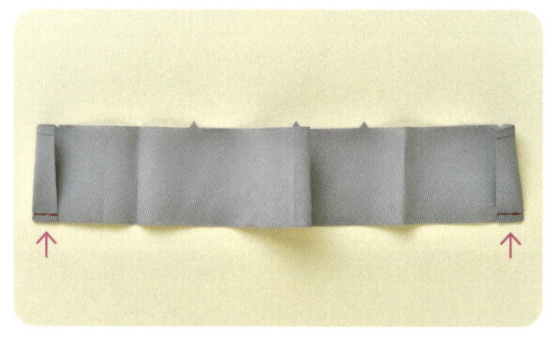

10. 将裙摆两端向内折1.5 cm，在图示的箭头指示处缝线固定。

过程

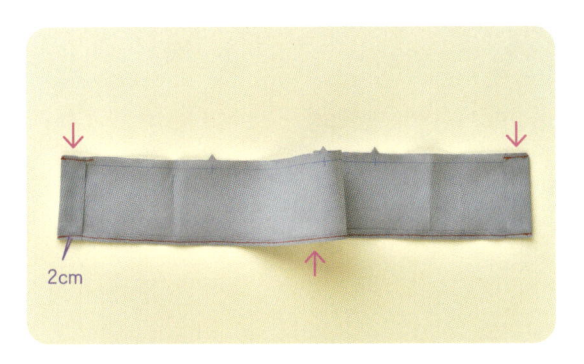

11 把10翻到正面，将下摆往里折，缝合3个箭头指示的部分。

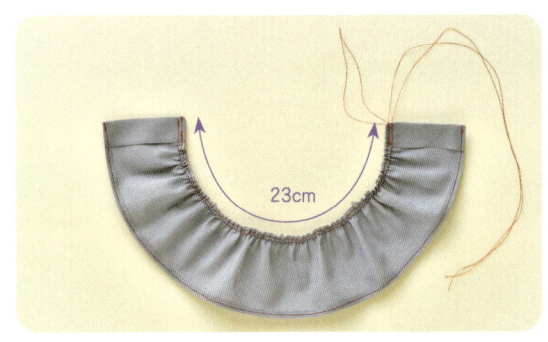

12 将裙腰处抽褶，使腰围达到约23cm（参照p.23）。

13 将衣身（9）和裙子（12）正面对齐，沿成品线缝合。

14 将缝份倒向身体一侧，根据自己的喜好决定是否缝明线。

15 在后中心处装上魔术贴。

16 连衣裙完成的效果。

如何制作蝴蝶结

返口

1. 将蝴蝶结的主体和飘带分别正面相对，留出返口，沿成品线缝合其他部分，并在缝份的弧线处打剪口，如图所示。

2. 将1翻回正面。将绑带的两端沿成品线向里折，用布用胶水粘合固定。

3. 将针穿过主体部分，如图所示。

4. 拔出针，打结固定线头。

5. 将主体和飘带如图所示叠放，用绑带缠绕，再用布用胶水固定，蝴蝶结就完成了。

6. 戴在连衣裙上的效果。

娃衣的制作方法
~配图解说篇~

本篇所讲解的是刊载于p.4~15娃衣的制作方法。
可以选择自己喜欢的单品或者套装，进行搭配。当然，也可以自行调整设计。
请尽情享受自由制作娃衣的乐趣吧！

※长款T恤（**5**）、裤子（**7**）、连帽衫（**6**）、花边裙（**21**）、连衣裙（**26**）
参照 p.25~38。

猫耳耳机

纸样：① p.87~88

材料准备
- 5mm绒布：宽15cm × 长13cm
- 软绒布：宽10cm × 长5cm
- 针织里布（反面用作正面）：宽30cm × 长7cm
- 涂层针织布：宽30cm × 长12cm
- EVA纸（2mm厚）：宽30cm × 长5cm
- 松紧带（宽3.5mm）：适量
- 棉花：适量

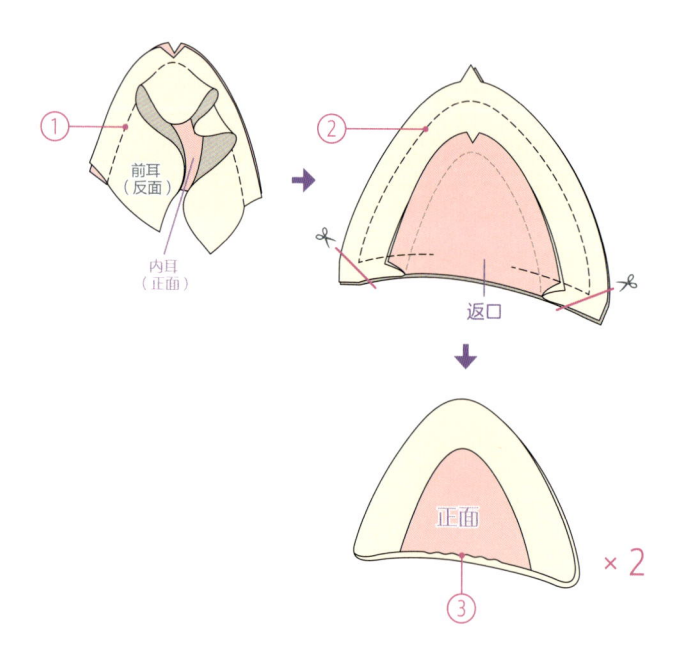

1 制作猫耳朵（2个）

① 将前耳和内耳对齐，沿成品线缝合。

② 将①和后耳两片正面相对，对齐，预留约2cm返口沿成品线缝合，并剪去尖角的缝份。

③ 将其翻回正面，调整形状，用藏针缝的针法将返口缝合。

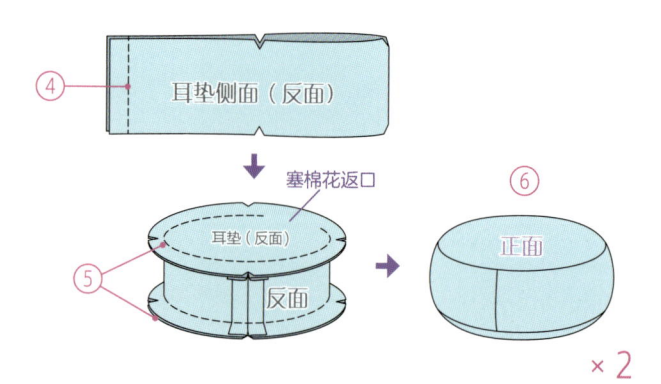

2 制作耳垫（2个）

④ 将耳垫（侧面）正面对折，边缘用线缝合，展开缝份。

⑤ 将④做成圆筒状，耳垫上下对齐，沿成品线缝合。留2cm左右的返口塞棉花，缝合其他部分。

⑥ 翻到正面塞入棉花，用藏针缝的针法将返口缝合。

3 制作头带（2个）

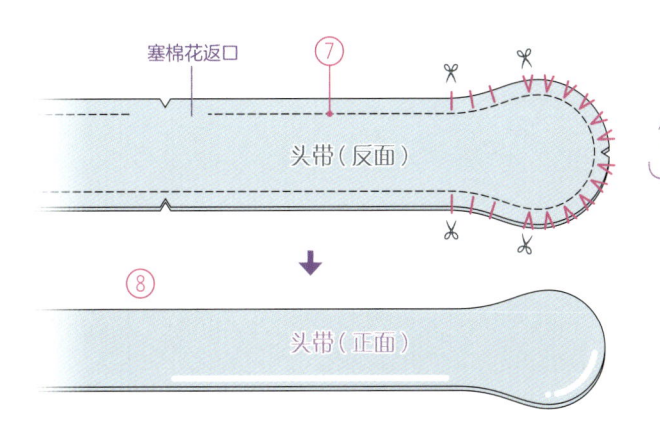

⑦ 将两条头带正面相对，对齐，沿缝份缝合，留3cm左右的返口塞棉花，缝合其他部分。如图所示，在曲线部分打剪口。

⑧ 翻回正面，放入填充芯（EVA纸），用藏针缝的针法将返口缝合。

4 组装

⑨ 在 *2* 上涂胶水，然后粘贴在 *3* 上。

※使用适用于头带和耳垫两者布料的胶水，可使其粘合更牢固，不易脱落。

⑩ 用双面胶带将猫耳（*1*）临时固定在头带上，确定位置，然后再进行缝合。

⑪ 在耳垫内侧的下端缝上松紧带，耳罩就完成了。

藏针缝

这是一种将布料缝合且正面不露出缝线的针法。因缝好的形状像梯子，也被称为梯子缝。用于缝合返口或固定头饰耳朵等部件时。

缝制时像梯子一样平行走线，最后拉线收紧。

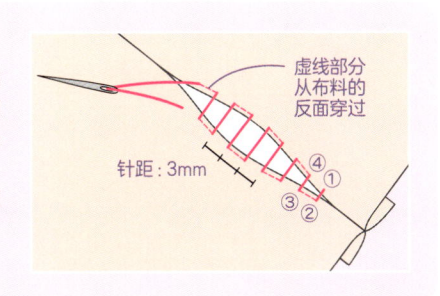

针距：3mm

虚线部分从布料的反面穿过

运动夹克

纸样: ❷ p.88~89

材料准备
- 针织汗布(淡蓝色)：宽45cm×长20cm
- 针织汗布(白色)：宽25cm×长18cm
- 丝带(宽3mm)：5.5cm长×4条
- 拉链：1根

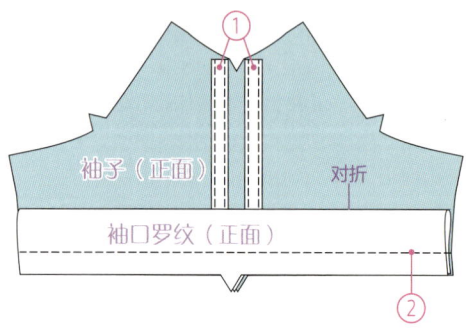

1 袖子(2个)

① 在袖子上，缝两条3mm宽的丝带。

② 将袖口罗纹对折，与袖子正面相对，对齐，沿成品线缝合。

※袖口罗纹需要边拉伸边缝合。

2 下摆罗纹

③ 将下摆罗纹对折，两端沿成品线缝合，然后剪掉边角处的缝份。

④ 翻回正面，把角顶出来并整理平整。

※一边拉伸罗纹一边缝合。

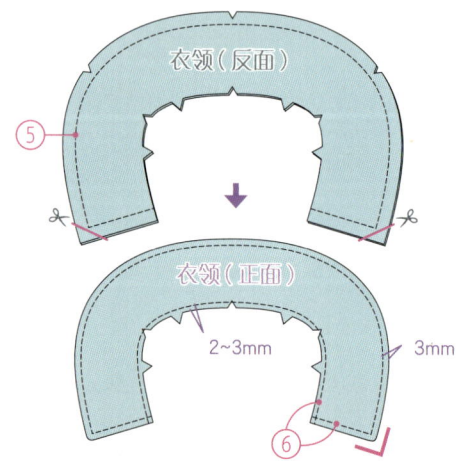

3 衣领

⑤ 将两片衣领正面相对，对齐，沿成品线缝合，然后剪掉边角缝份。

⑥ 将其翻回正面，将角顶出整理平整后再缝明线。

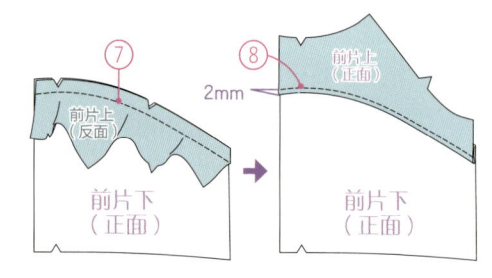

4 衣身前片(左右)

⑦ 将前片(左右)的上下部分正面相对，对齐，沿成品线缝合。

⑧ 将前片上翻过来，缝份往上倒，用熨斗熨烫平整，然后缝明线。

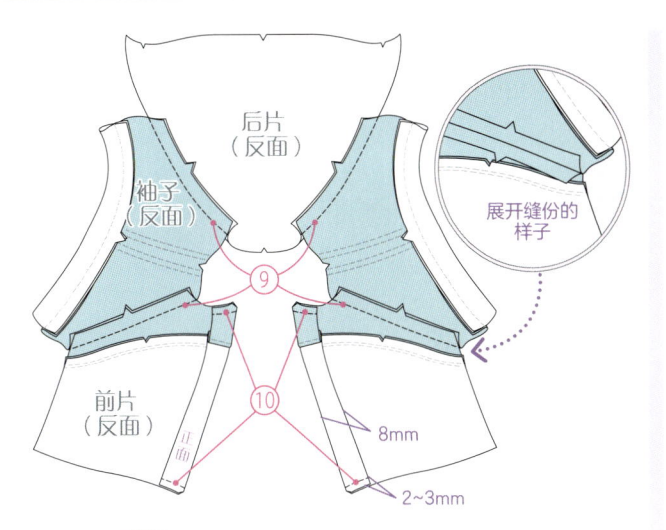

5 缝合衣袖，将前片前端往里折

⑨ 将前片、袖子、后片正面相对，对齐，沿成品线缝合，打开缝合处的缝份。

⑩ 将前片左右的前端往里折8mm，缝合固定图中标示的四处。

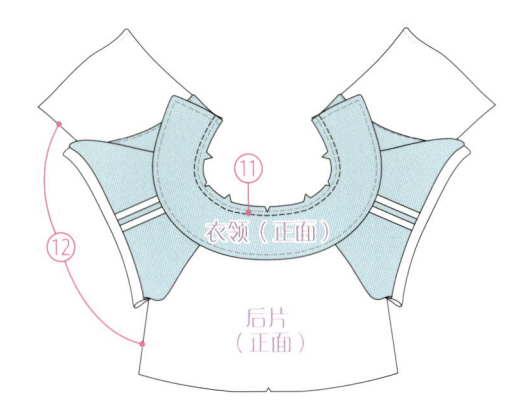

6 安装衣领，缝合袖子、腋下、侧缝

⑪ 将衣领（3）叠放在衣身上，沿成品线缝合。

⑫ 将袖子、腋下、衣身侧缝正面相对，对齐，沿成品线缝合。

※参照 p.28 *10*。

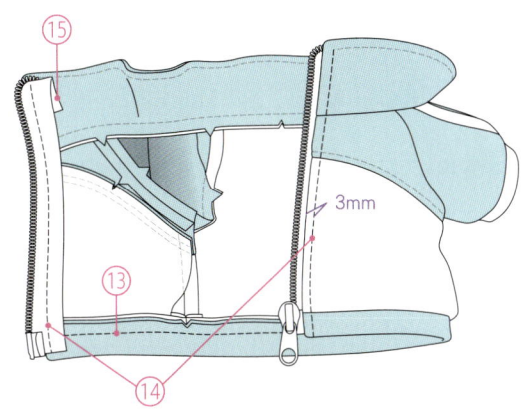

7 缝合下摆罗纹和拉链

⑬ 将衣身和下摆罗纹（2）正面相对后缝合。

※一边拉伸下摆罗纹一边缝合。

⑭ 在前片前端缝上拉链。

⑮ 将拉链的上端折叠起来。

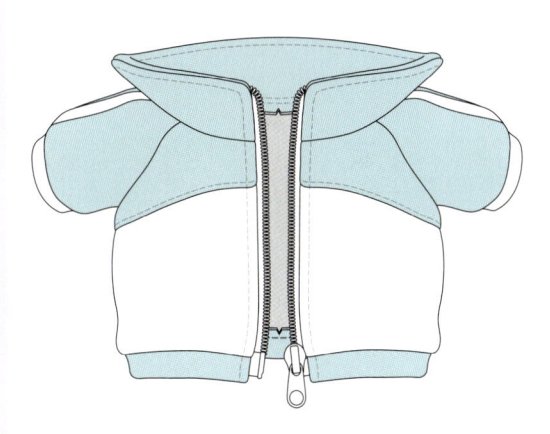

8 完成

围裙

纸样：③ p.89

材料准备
- 平纹布：宽50cm×长15cm
- 带扣：2个
- 丝带（宽3mm）：6cm×2条、10cm×2条

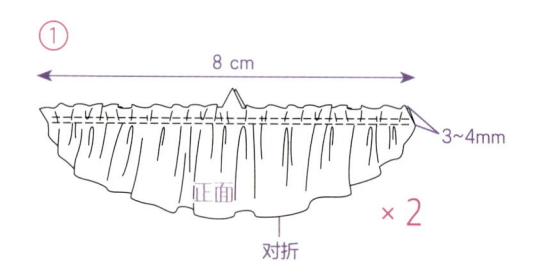

---

①
8 cm
3~4mm
正面
对折
×2

1 制作肩部荷叶边（2个）

①将肩部荷叶边裁片对折，抽褶至8cm长。

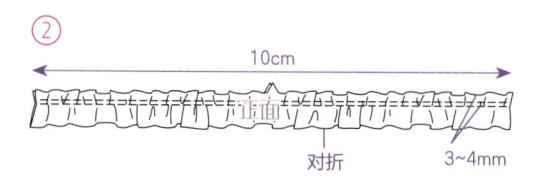

②
10cm
正面
对折
3~4mm

2 围裙荷叶边

②将围裙荷叶边裁片对折，并抽褶至10cm长。

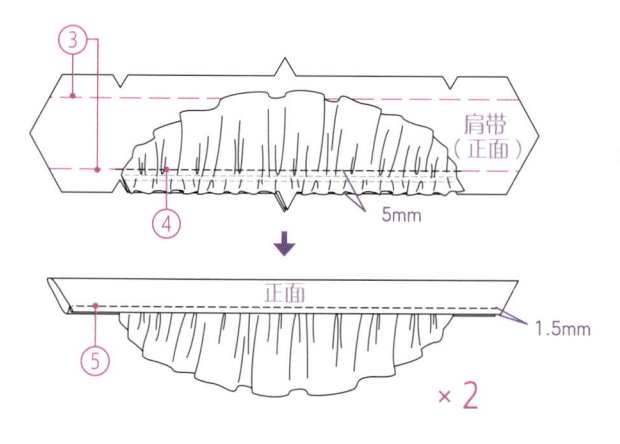

③
肩带（正面）
④
5mm

正面
⑤
1.5cm
×2

3 在肩带上缝肩部荷叶边（2个）

③将肩带的缝份往里折，并压好折痕。

④将肩部荷叶边（1）叠放在肩带上，沿成品线缝合。

⑤将④肩带裁片对折，缝份向内折，沿边缘缝合。

4 围裙裁片

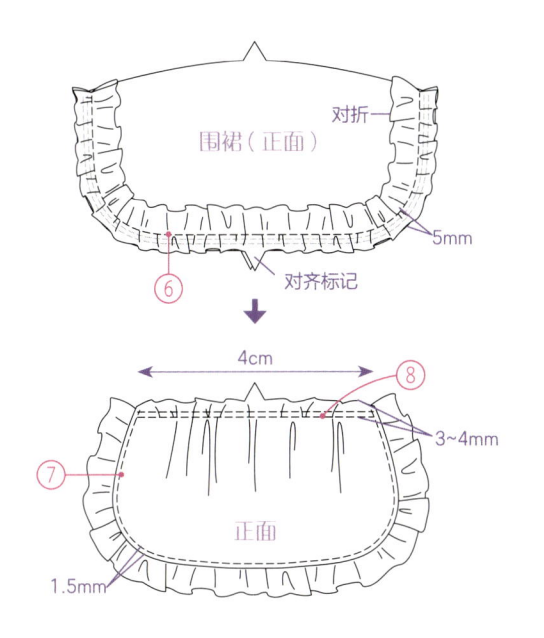

⑥ 沿围裙的边缘叠上围裙荷叶边(2),沿成品线缝合。注意对齐标记的方向。

⑦ 把缝份折到反面,沿边缘缝合。

⑧ 将围裙腰部抽褶至4cm。

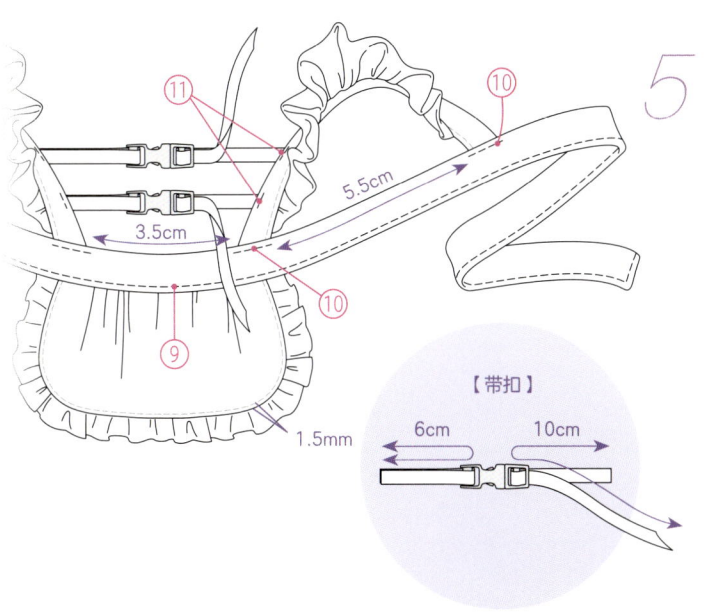

5 将围裙裁片夹在腰带中缝合,并缝合固定肩带

⑨ 将腰带的所有缝份折到反面,按照与肩带④~⑤相同的方法,在腰带中央夹上围裙裁片(4)进行缝合。

⑩ 将肩带叠在腰带的里侧并缝合。

※肩带的长度请根据自己的喜好调整。

→围裙(p.11)就这样完成了。

⑪ 将丝带(3mm宽)穿过肩带扣,并将其叠在肩带里。

※请根据自己的喜好调整丝带的长度。

渔夫帽

纸样：④ p.90

材料准备
- 5mm绒布：宽35cm×长25cm
- 针织里布（反面用作正面）：宽35cm×长25cm

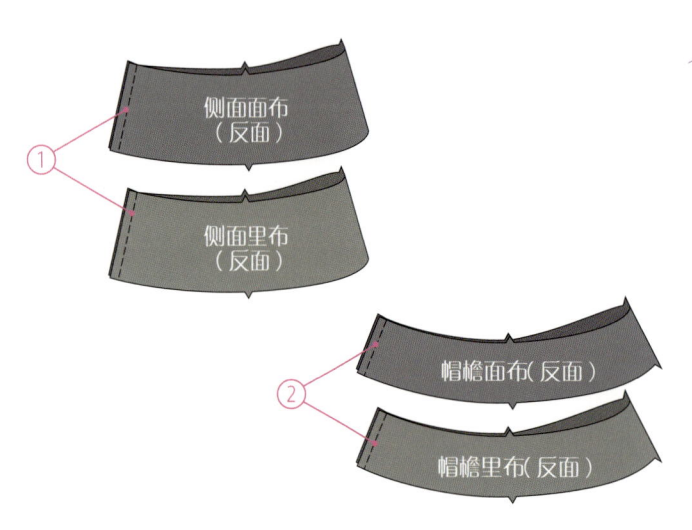

1 缝合侧面与帽檐的后端

① 将侧面面布和里布分别正面相对，对折，边缘沿成品线缝合，并展开缝份。

② 与①方法相同，分别缝合帽檐的面布和里布，并展开缝份。

2 将侧面和帽顶的面布与里布分别对齐缝合

③ 将①面布和里布的边缘、缝份处如图所示对齐，上下两端各缝一圈。

④ 将帽顶的面布和里布对齐，沿边缘缝一圈。

3 侧面和帽顶对齐

⑤将侧面和帽顶正面相对（面布在内侧），对齐，沿成品线缝合。

4 制作帽檐

⑥将②的面布与里布正面相对，对齐，周长较长的一侧沿着成品线缝一圈。
⑦将其翻回正面，调整形状，对齐缝份边缘缝制一圈。

5 完成

⑧将3和4正面相对（面布在内侧）对齐，沿成品线缝合。调整好造型，帽子就完成了。

斜挎包

纸样：8 p.91

材料准备
- 平纹布：宽11cm × 长5cm
- 娃用迷你拉链：1根
- 丝带（宽5mm）：1.5cm × 2条
- 圆形橡皮筋（直径1.5mm）：30cm

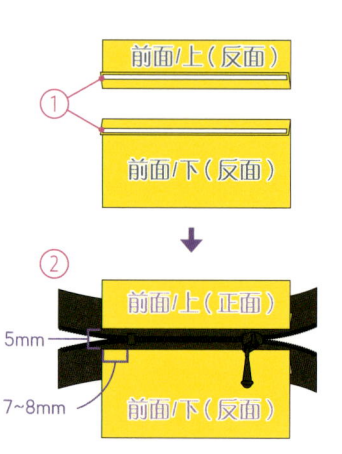

1 临时固定拉链

① 如图所示，将前面的两个部件的缝份按照图示的成品线折到反面，然后在各自的边缘处贴上2mm宽的双面胶带。

② 将①贴在拉链的边缘。

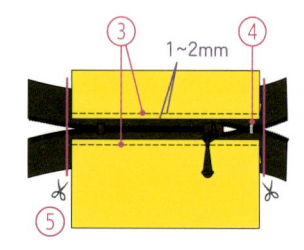

2 缝合拉链

③ 缝合拉链。

④ 如图所示，缝合固定拉链两端。

⑤ 剪掉多余的拉链码带。

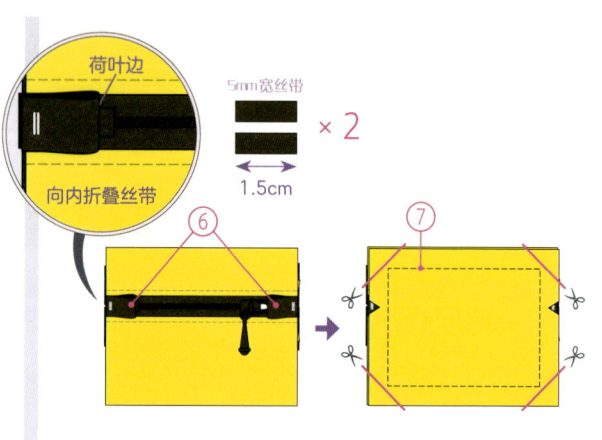

3 缝环扣

⑥ 将5mm宽的丝带剪成两份1.5cm长的小段，对折后放在拉链的两端并缝合，形成环扣。

⑦ 将⑥的反面与正面相对重叠，沿成品线缝合，剪掉缝份的直角部分。

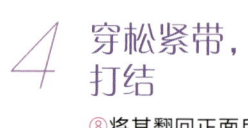

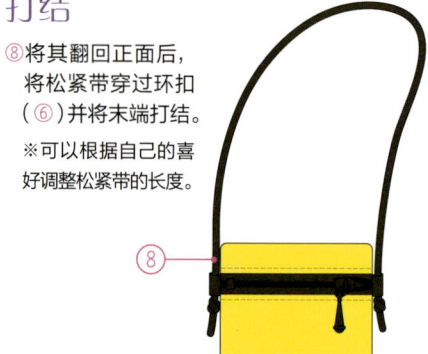

4 穿松紧带，打结

⑧ 将其翻回正面后，将松紧带穿过环扣（⑥）并将末端打结。

※ 可以根据自己的喜好调整松紧带的长度。

过程

长袜
纸样:⑫ p.94

短袜
纸样:㉛ p.106

材料准备

🔍 针织汗布:宽22cm × 长8cm
※以上为长袜尺寸,短袜宽22cm × 长5cm

1 缝袜口
①将袜口的缝份折到反面后缝合。

※使用缝纫机时,建议使用适合针织布料的针线进行缝制。也可以在布下面垫一张薄纸,这样更容易缝。

※如果是手工缝制,为了方便穿着,袜口应该用微宽针距的半回针缝制。

2 布料正面对折缝合
②将裁片正面相对对折,沿成品线缝合。

3 翻回正面,调整形状
③翻回正面,用手指头将脚尖的曲线部分形状调整成圆弧状。

鞋子/浅口鞋
纸样:⑬ ㉔ p.95

材料准备

🔍 合成革:宽23cm × 长7cm

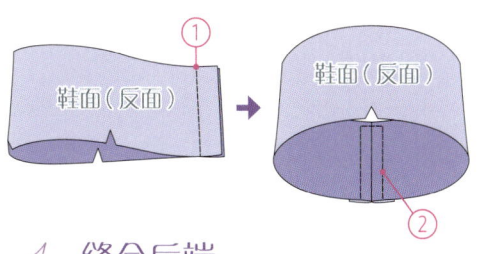

1 缝合后端
①将鞋面正面相对,对齐后端,沿成品线缝合。
②展开缝份,缝明线固定。

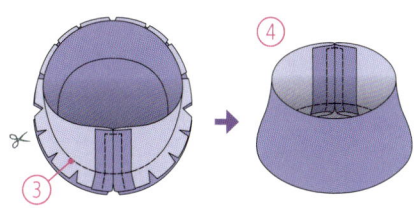

2 将鞋面和鞋底对齐缝合
③将鞋面和鞋底正面相对,对齐,沿成品线缝合一圈。如果合成革很硬,难以拉伸,可以在鞋面的缝份处打剪口,这样更容易缝合。
④翻回正面,调整形状,鞋子就完成了。

中式旗袍

纸样：⑩ p.93、102～103

材料准备
- 平纹布：宽60cm×长20cm
- 平纹布（袖口用）：宽10cm×长8cm
- 绳子（宽2mm）：6cm×1根、20cm×2根
- 波浪形织带：26cm
- 魔术贴：宽0.8cm×长3.5cm×2组

1 胸前缝装饰绳

① 在前片胸前位置缝上装饰绳。建议用少量的布用胶水临时固定，这样缝合会更方便。如果遇到很难缝的情况，也可以直接用布用胶水粘合。

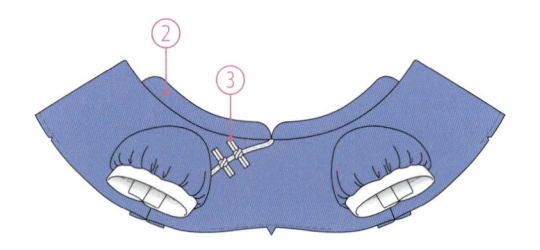

2 制作上衣部分

② 按照和连衣裙相同的步骤制作上衣部分。不要让衣领翻下来，让它保持立领状态。
※参照p.35 1～p.36 9。

③ 缝上中式扣。
※打结方法，参照p.26。

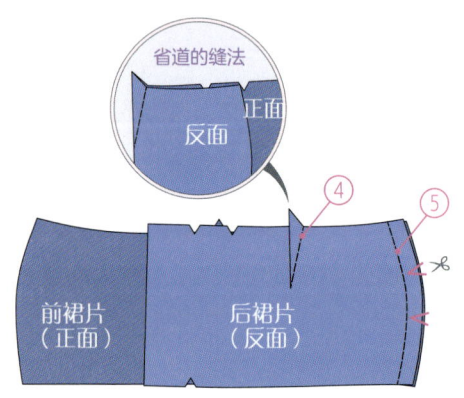

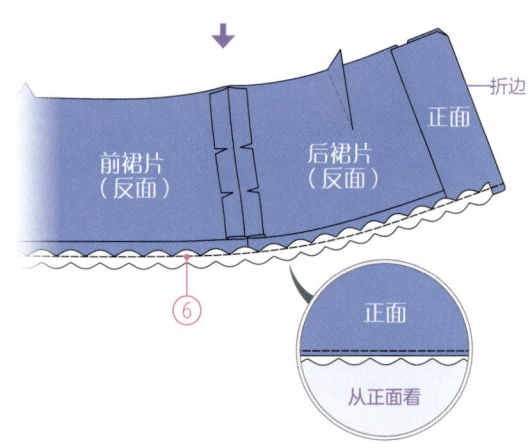

3 制作裙子部分

④ 将后裙片的两个省道分别缝合，使缝份向后倒。

⑤ 将前裙片和后裙片正面相对，对齐，沿成品线缝合，展开缝份。另一侧的后裙片也用相同的方法制作。

⑥ 按照与连衣裙相同的步骤缝制裙子的后中心处和下摆。
※参照p.36 10～p.37 11。
※将波浪形织带与下摆缝合在一起。

过程

5 完成

⑦按照与连衣裙相同的方法将上衣部分和裙子部分缝合在一起,在后中心处安装拉链,旗袍就完成了。

※参照p.37 *13*~ p.37 *15*。

小围裙　纸样:⑪ p.89、94

材料准备
- 平纹布:宽50cm×长9cm
- 波浪形织带:10cm

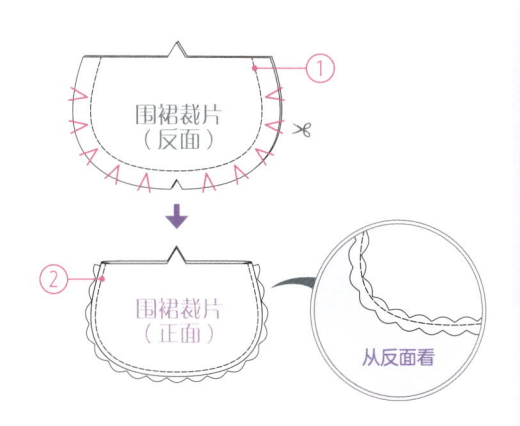

1 制作围裙裁片

①将两个围裙裁片正面相对,对齐,沿成品线缝合,在曲线部分的缝份上打剪口。

②将它翻回正面,调整造型,用熨斗熨烫,然后沿边缘缝上波浪形织带。

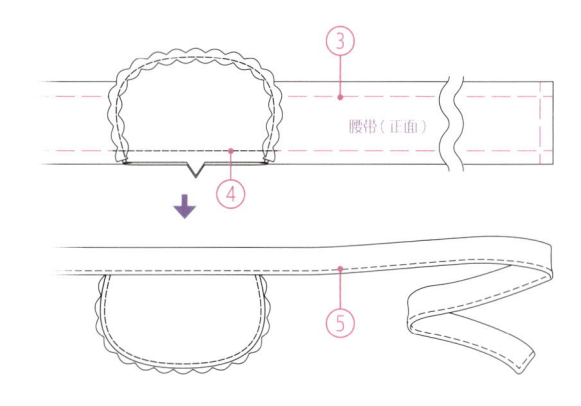

2 将围裙裁片夹在腰带中缝合

③将腰带的缝份全部沿成品线往里折,压好折痕。

④将围裙裁片叠放在腰带的表面,沿成品线缝合。

⑤将腰带的缝份向内侧折,再对折,缝合边缘。这样小围裙就完成了。

发包

纸样：9　p.94

材料准备
- 平纹布（蓝色）：宽24cm×长12cm
- 平纹布（白色）：宽44cm×长13cm
- 扁平松紧带（宽3.5mm）：适量
- 棉花：适量
- 丝带、波浪形织带：适量

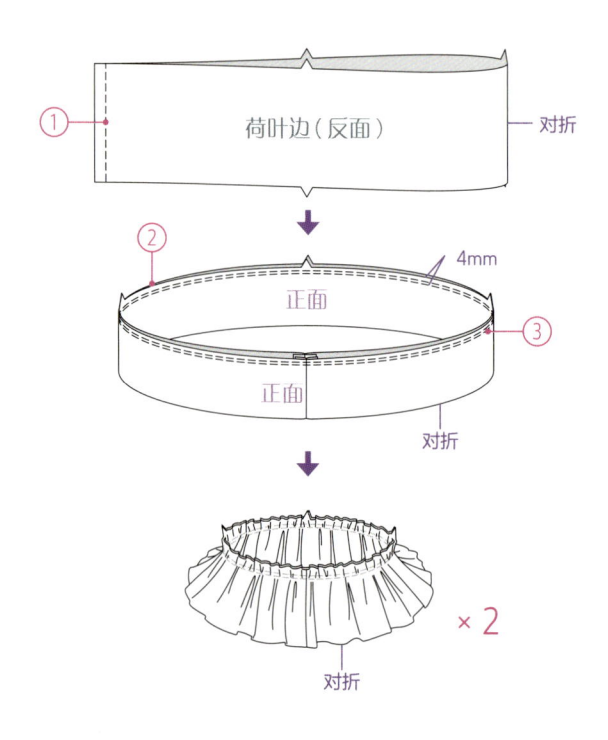

1 制作荷叶边（2个）

① 将荷叶边对折，边缘沿成品线缝合，缝合后，展开缝份并熨烫平整。
② 如图所示，再次对折，对齐边缘和标记。
③ 在边缘处抽褶，将长度调整到与发包底部的外沿（裁剪线）相匹配。

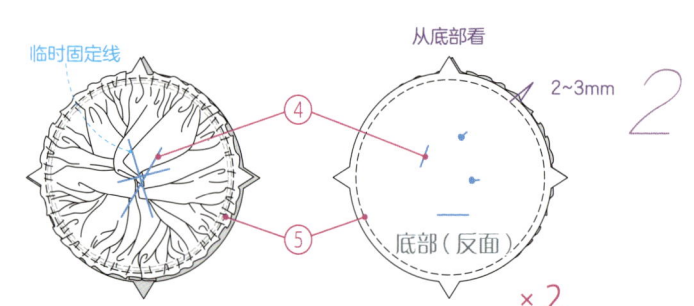

2 在底部缝上荷叶边（2个）

④ 将褶皱收拢到中心位置。缝合周围一圈的时候，为了确保褶皱不会卷入缝线中，要先临时假缝固定。
⑤ 将④和底部的正面相对重叠，沿成品线缝合固定。

过程

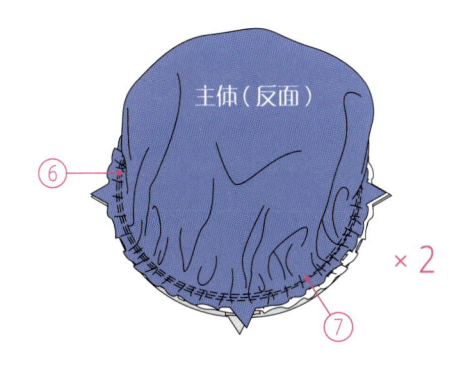

3 与主体缝合（2个）

⑥将主体边缘一周抽褶至与发包底部的外沿相匹配。

⑦将部件 2 和主体正面相对，留2~3cm返口用来填充棉花，其余部分沿成品线缝合一圈。

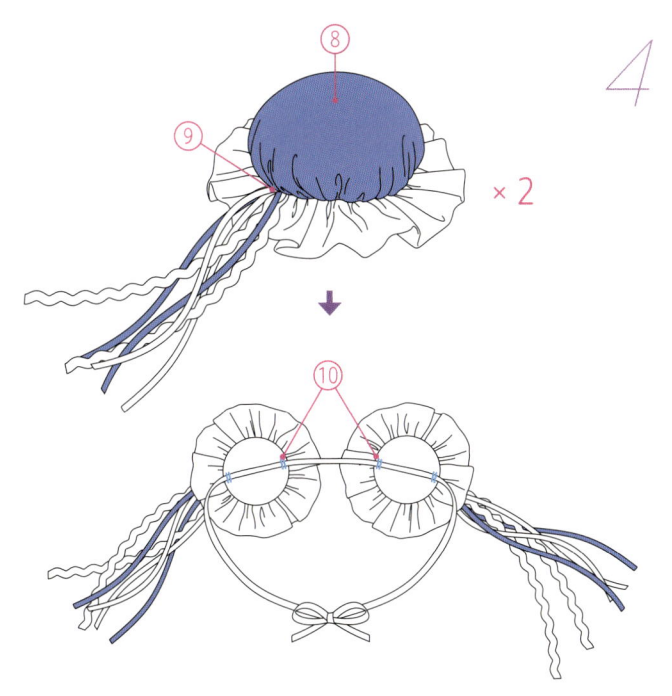

4 最终处理完成

⑧将发包翻回正面并拆开临时固定线，塞入棉花后，将返口缝合（见p.41）。

※用手工钳夹住荷叶边，一点一点地拉出来，就很容易翻面。

⑨根据自己的喜好缝上丝带、波浪形织带等装饰。

⑩在底部缝上松紧带，发包就完成了。

※调整松紧带的长度来适应棉花娃娃的头部大小。

※如果不使用松紧带，也可以直接将它固定在棉花娃娃的头部。

刺绣夹克衫

纸样：14　p.96

材料准备
- 涤纶缎面（衣身、袖口、下摆拼接用）：宽37cm×长9cm
- 涤纶缎面（袖子用）：宽24cm×长8cm
- 涤纶针织布：宽35cm×长8cm
- 拉链：1根

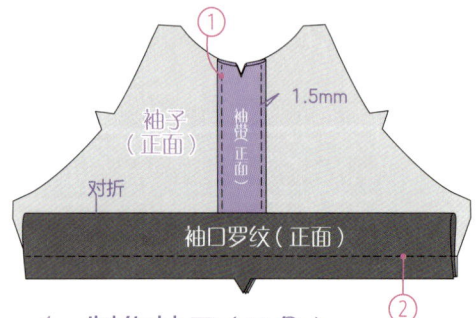

1 制作袖子（2个）

① 将袖带两侧的缝份向内折叠，缝合在袖片的中间位置。

② 将袖口罗纹对折，与袖子正面相对，对齐，沿成品线缝合。

※ 袖口罗纹需要边拉伸边缝。

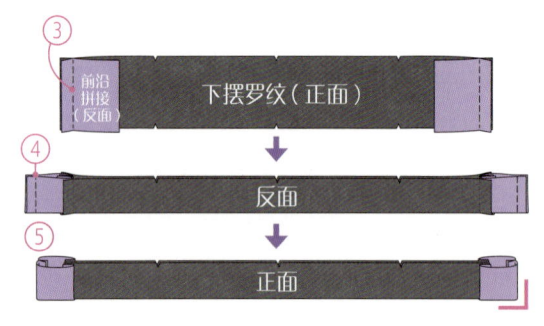

2 制作下摆罗纹

③ 将下摆罗纹和前沿拼接部分正面相对，对齐，沿成品线缝合。

④ 缝合后展开前沿拼接部分，缝份倒向前沿拼接部分，再向中间对折，使得正面相对，两端沿成品线缝合。

⑤ 将其翻回正面并调整形状。

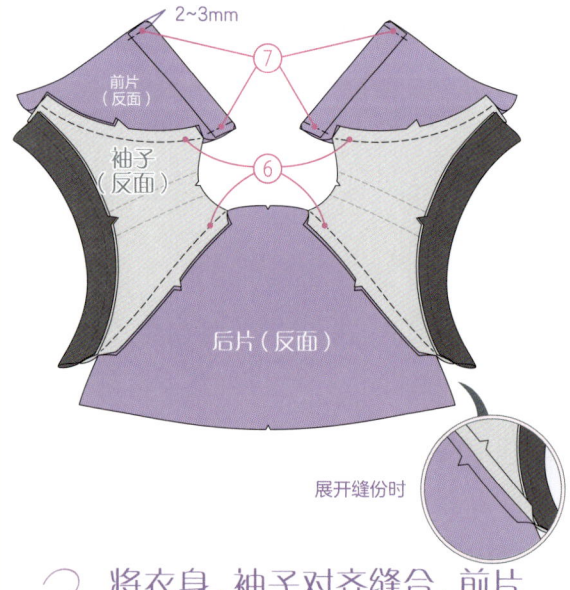

3 将衣身、袖子对齐缝合，前片前端往内折

⑥ 将前片、袖子、后片正面相对，对齐，沿成品线缝合，将缝合处的缝份展开，共四处（参照p.43 5）。

⑦ 将前片左右的前端向内折7mm，缝合固定图中标示的上下四处。

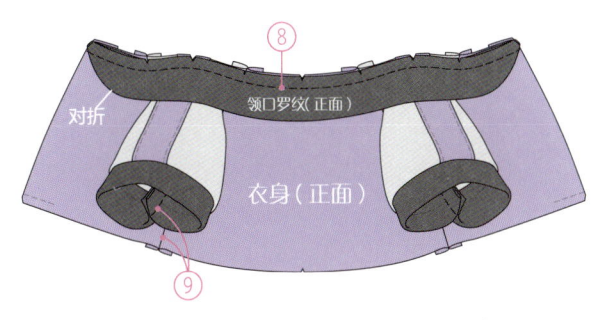

4 缝合领口罗纹、袖口和下摆

⑧将领口罗纹对折，叠在衣身的领口处，一边拉伸罗纹一边沿成品线缝合。

⑨将袖子、腋下、侧边正面相对，对齐，沿成品线缝合。

※参照p.28 ⑩。

也可以用刺绣贴或烫画装饰。

用布用胶水粘贴宽3mm的丝带，做成假口袋

5 缝合下摆罗纹

⑩将衣身和下摆罗纹（2）正面相对，从中心到两侧对齐，一边拉着下摆罗纹一边沿成品线缝合。

6 装上拉链

⑪在前衣襟处缝上拉链，夹克衫就完成了。根据自己的喜好，随意在领口缝上装饰线迹，也会很可爱。

插肩袖T恤

纸样：15　p.95

材料准备
- 罗纹针织布（袖子、领口罗纹用）：宽22cm×长9cm
- 涤纶针织布（衣身用）：宽28cm×长7cm
- 魔术贴：宽0.8cm×长3.8cm

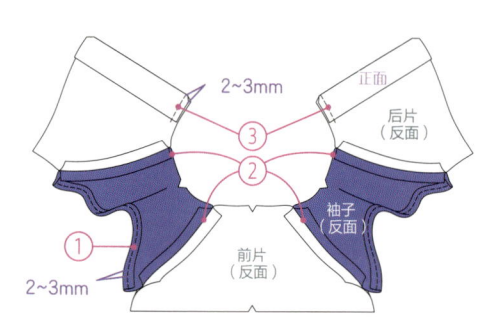

图中标注：2~3mm、③、正面、后片（反面）、②、袖子（反面）、①、前片（反面）、2~3mm

1 缝合衣身、袖子

① 将左右袖口向内折，然后缝明线。

② 将前片、袖子、后片分别正面相对，对齐，沿成品线缝合，缝合后展开图中所示的四处缝份。

③ 将后中心的边缘向内折1.2cm，缝合固定图中标示的两处。

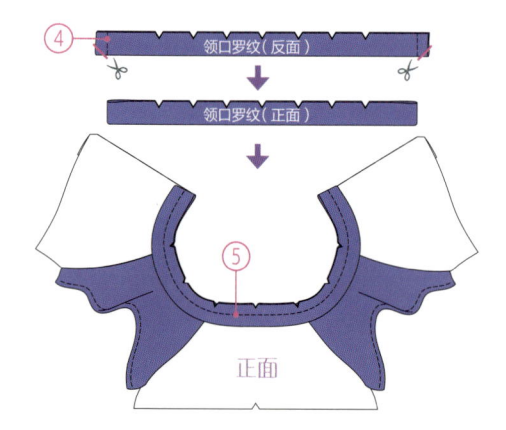

图中标注：④、领口罗纹（反面）、领口罗纹（正面）、⑤、正面

2 领口缝领口罗纹

④ 将领口罗纹对折，两端沿成品线缝合，剪掉缝份的边角，然后翻回正面。

⑤ 将领口罗纹叠在衣身正面的领口处，沿成品线缝合。

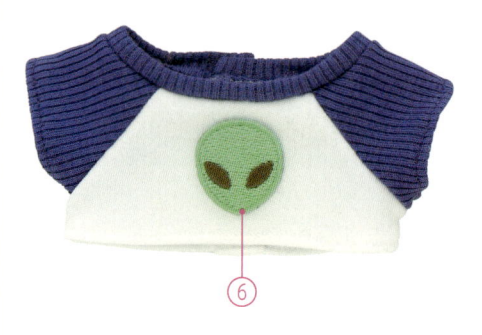

3 最终处理完成

⑥ 和长款T恤一样，缝合袖子下方与衣身侧边，最后根据喜好加上刺绣贴等装饰，T恤就完成了。

※参照 p.28 10~14。

钉棒的制作方法

材料准备
- 石塑黏土：少许
- 牙签：1根
- 钉子（12mm）：20~30个
- 平纹布：宽4mm长10cm
- 丙烯颜料

制作方法
① 将涂有木工胶的牙签作为芯，用石塑黏土捏成钉棒的形状，再均匀地钉上钉子。
② 临时拔出钉子，让黏土干燥。
③ 用丙烯颜料上色并晾干。
④ 在钉子尖端涂上少量手工胶，重新插入孔中。
⑤ 用细长的平纹布条缠绕并用手工胶固定，钉棒就完成了。

※ 事先弯曲几根钉子就能营造出氛围感。

插肩袖T恤可以巧妙地露出一点小蛮腰

057

工装裤

纸样：16 p.97

材料准备
- 防水尼龙：宽35cm × 长16cm
  ※只要是质地紧密的轻薄布料都可以。
- 扁平松紧带（宽3.5 mm）：适量
- 带扣：2个
- 丝带（3mm宽）：4.5cm×2条、4cm×2条

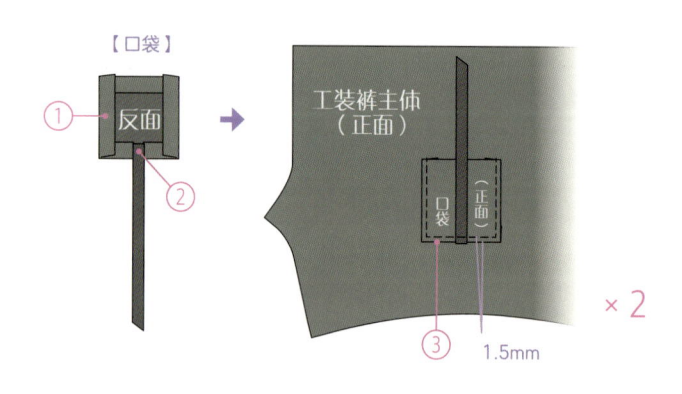

1 工装口袋（2个）

① 将口袋沿成品线往里折，熨烫。

② 在宽3mm的丝带（长4.5 cm）末端涂上少量布用胶水，如图所示临时固定在缝份处。

③ 在工装裤主体的正面缝上口袋。丝带向上折叠，和口袋一起缝合。

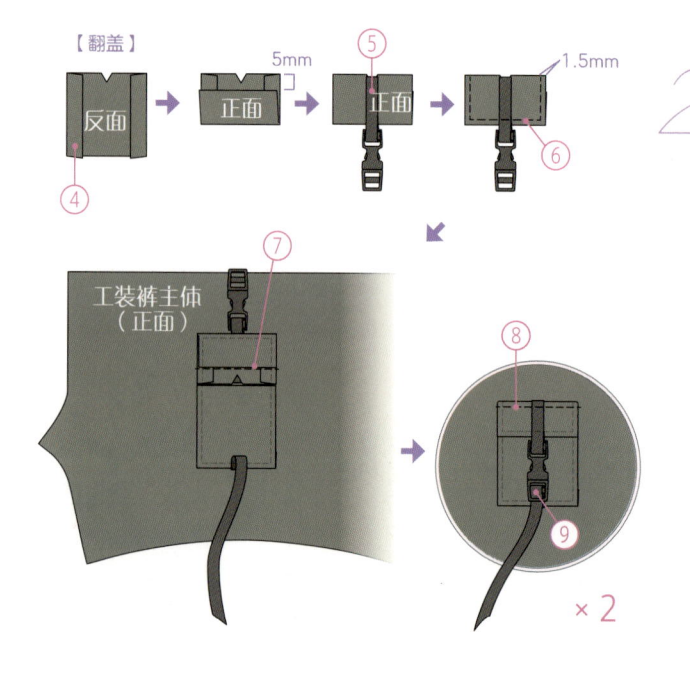

2 缝制翻盖（2个）

④ 将翻盖的左右两端缝份向内折叠。

⑤ 用少量布用胶水将事先穿过丝带（长4cm）的带扣临时固定。

⑥ 将带扣缝合固定。

⑦ 将⑥放在裤子主体的上方，沿成品线缝在裤子主体上。

⑧ 将翻盖向下倒，进行缝合。

⑨ 将口袋的丝带（③）穿过翻盖的带扣。

3 将松紧带穿入脚口包边（2个）

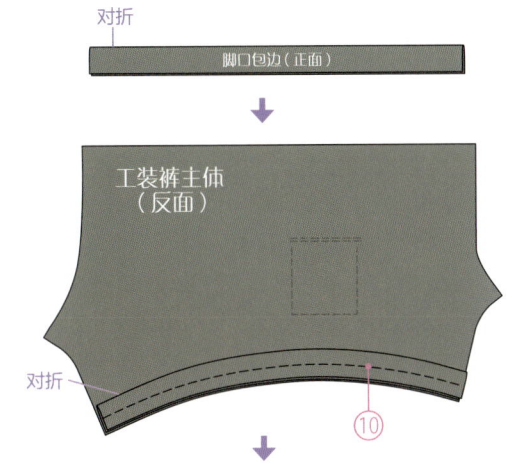

⑩ 将脚口包边对折，叠在裤脚口上，沿成品线缝合。

⑪ 用穿带器（或毛线用的缝针）穿入扁平松紧带，抽缩至8.5cm长，然后将两端缝合固定。

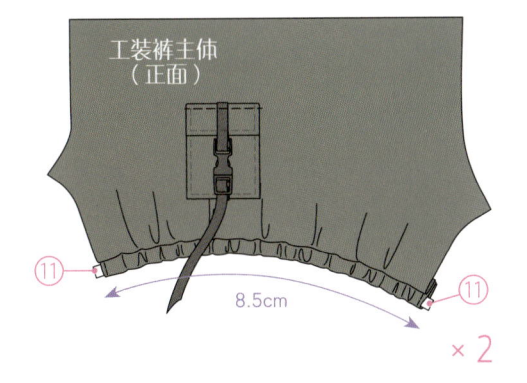

4 完成

⑫ 将前裆正面相对，对齐，沿成品线缝合，并在曲线部分的缝份上打剪口。

⑬ 按照和裤子相同的方法制作余下的部分。

※参照 p.29 *4*~ p.30 *11*。

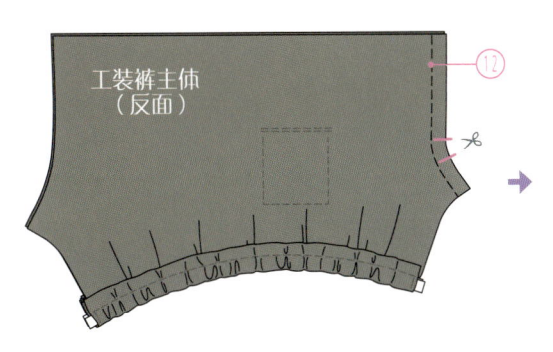

荷叶边衬衫

纸样: 17 p.98、103

材料准备
- TANIPON：宽70cm × 长15cm
- 丝带（宽3mm）：适量
- 扁平松紧带（宽3.5mm）：适量
- 魔术贴：宽0.8cm × 长5cm
- 纽扣配件（热熔钻等）：3个

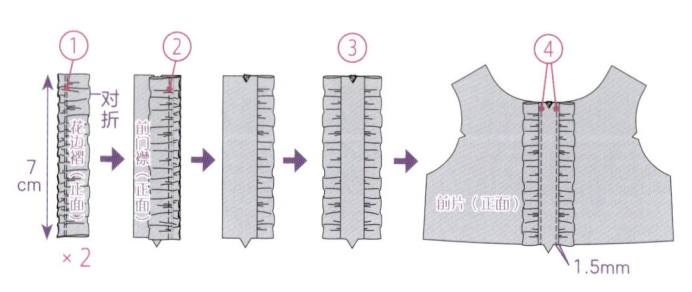

1 在前门襟两侧缝荷叶边

① 将花边对折后抽褶，形成荷叶边。
② 在前门襟的正面叠上①，沿成品线缝合，将缝份向内倒，用熨斗烫平整。
③ 前门襟的另一侧也用同样的方法制作荷叶边。
④ 在前片的正面叠上③缝合。

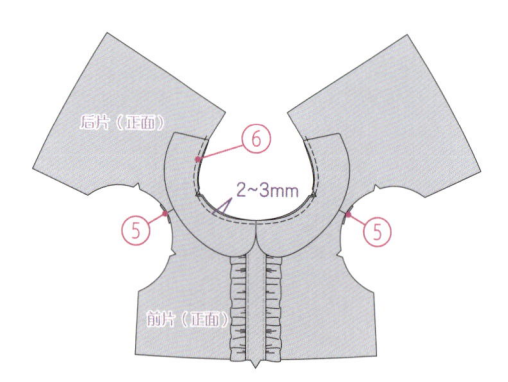

2 缝合肩线、安装衣领

⑤ 将前片和后片的肩线正面相对，缝合两边肩线后，展开缝份。
⑥ 按照与连衣裙相同的方法制作领子，叠在衣身的正面缝制。

※参照 p.35 2~3。

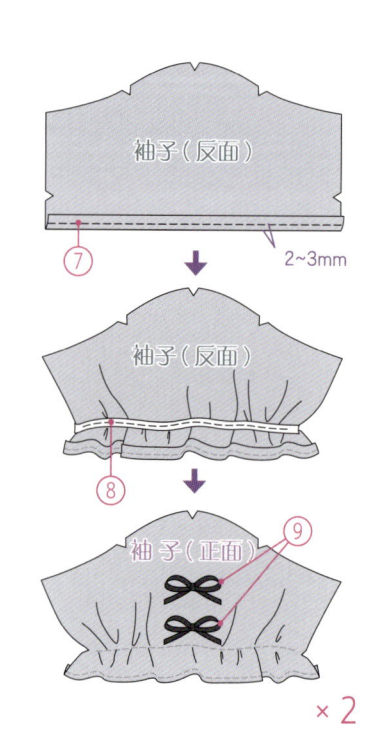

3 制作袖子（2个）

⑦ 将袖口的缝份往里折并缝明线。
⑧ 将6.5cm的扁平松紧带一边拉伸一边缝合。
⑨ 在正面缝上蝴蝶结装饰。

4 缝合贴边

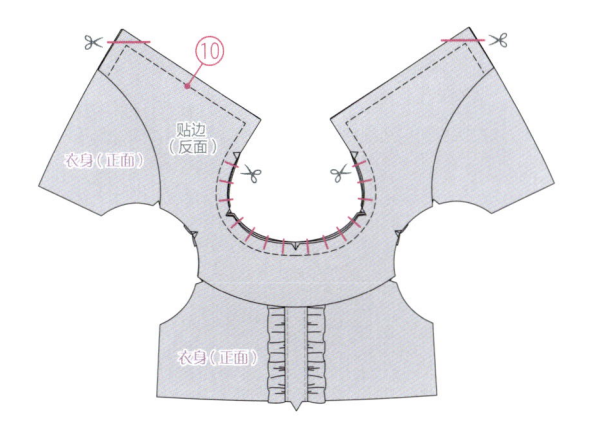

⑩将衣身和贴边正面相对，对齐，沿成品线缝合，在缝份的曲线部分打剪口并剪去缝份的直角。

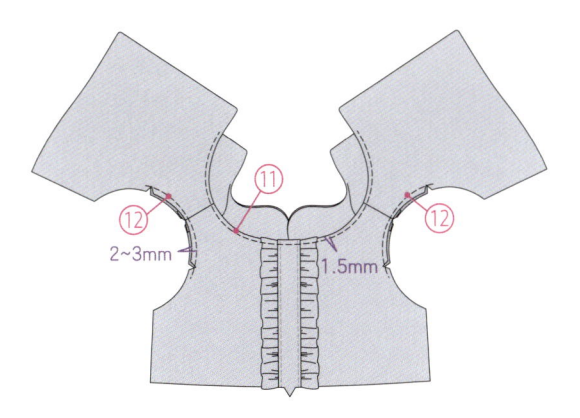

5 翻回正面整理

⑪将贴边翻过来，用熨斗熨烫整理，然后在衣领和衣身拼接处缝明线。

⑫将衣身和贴边肩膀处的缝份对齐，并缝合（左右两处）。

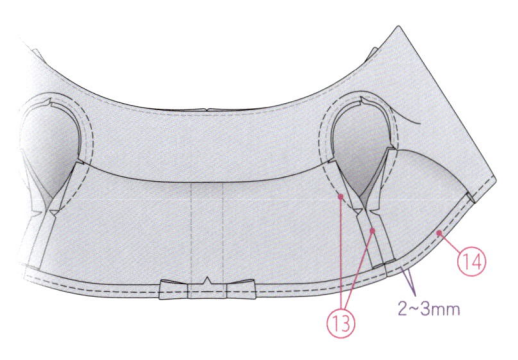

6 缝上袖子，缝合侧边和下摆

⑬按照与连衣裙相同的步骤缝上袖子，将袖口、腋下、衣身侧边缝合，展开缝份。

※参照 p.36 *8~9*。

⑭将下摆的缝份向内折，用明线缝合。

7 完成

⑮在后片缝上魔术贴。

⑯领口缝蝴蝶结装饰，在前胸装饰纽扣或热熔钻。

背带裙

纸样: 18 p.99

材料准备
- 防水尼龙：宽50cm × 长15cm
  ※只要是质地紧密的轻薄布料都可以。
- 魔术贴：宽0.8cm × 长5cm

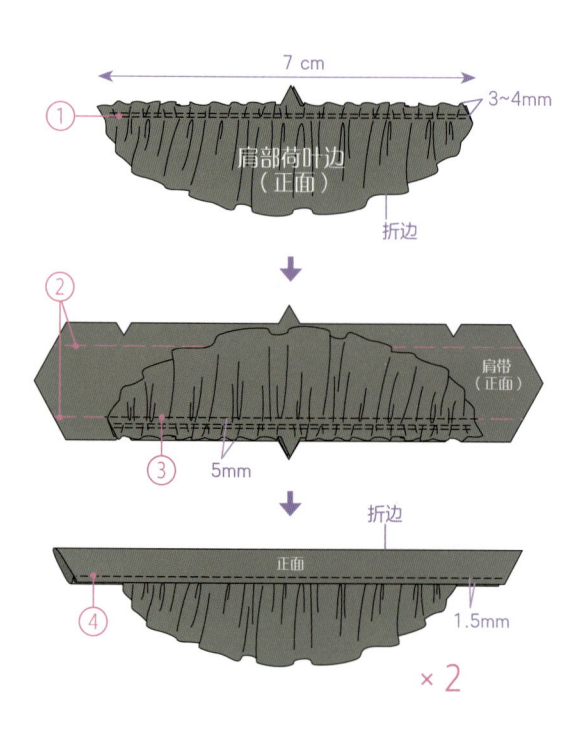

1 制作肩带（2个）

① 将肩部荷叶边对折，抽褶至7cm。
② 将肩带的缝份往里折，并压好折痕。
③ 把肩部荷叶边叠放在肩带上，沿成品线缝合。
④ 将③正面对折，把缝份向内折后缝合边缘。

2 制作裙子部分

⑤ 用与连衣裙相同的做法缝制裙子的后端和下摆。
　※参照 p.36 *10* ~ p.37 *11*。
⑥ 如图所示，进行抽褶，另一侧的裙片也用同样的方法制作。

过程

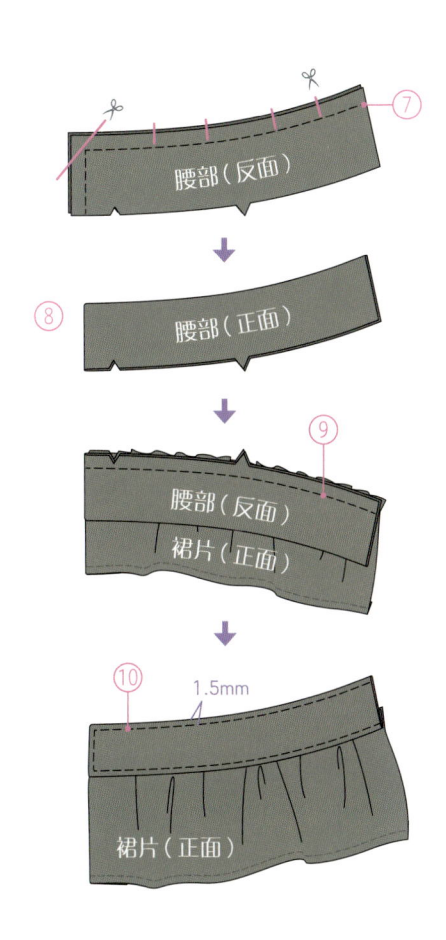

3 缝合腰部

⑦将腰部两片正面相对，对齐，上端和后端沿成品线缝合，在缝份处打剪口并剪去缝份的直角。

⑧翻回正面，调整形状，熨烫平整。

⑨将裙子和腰部正面相对，对齐，沿成品线缝合。

⑩将腰部翻过来，缝份倒向腰部一侧，熨烫后再用明线缝合。另一侧的腰部也用同样的方法制作。

4 把裙子和前片缝在一起

⑪将裙片和前片正面相对，对齐，沿成品线缝合。

⑫将缝份倒向前片一侧并熨烫平整。

5 最后的整理

⑬将前片顶部和底部的缝份往里折，熨烫后再缝合。

⑭将肩带叠在腰部内侧并缝合。

※请根据自己的喜好调整肩带的位置和长度。

⑮缝上魔术贴，背带裙就完成了。

※也可以根据自己的喜好在正面装饰烫画、丝带、刺绣等。

063

兔耳朵发带

纸样：20　p.101、102

材料准备
- 单向缎面（兔耳朵用）：宽22cm×长13cm
- 涤纶缎面（发带用）：宽27cm×长5cm
- 塑料线（或铝线）：23cm×2根
- 扁平松紧带（宽3.5mm）：6.5cm

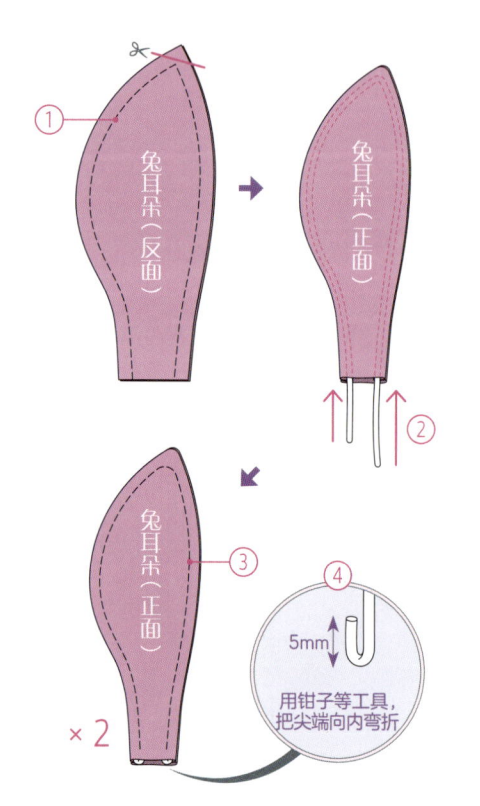

① 兔耳朵（反面）
② 兔耳朵（正面）
③ 兔耳朵（正面） ×2
④ 5mm 用钳子等工具，把尖端向内弯折

1　制作兔耳朵（2）

① 将左右兔耳朵分别正面相对，对齐，沿成品线缝合，剪掉尖角部分的缝份，然后翻回正面。
② 将剪成23cm的塑料线（或铝线）折成V形，插入至兔耳朵尖端。
③ 将塑料线（或铝线）靠近兔耳朵边缘，再贴近它的内侧缝合。
④ 将塑料线的两端从兔耳朵伸出5mm左右剪断，如图所示，将尖端弯折后塞入兔耳朵中。

发带（反面）
⑤

2　压折发带的缝份

⑤ 将发带的缝份全部往里折，用熨斗熨烫压好折痕。

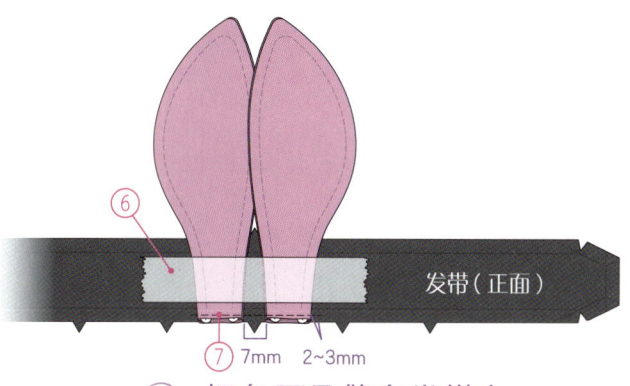

发带（正面）

7mm　2~3mm

3 把兔耳朵缝在发带上

⑥打开⑤中压折的缝份，将兔耳朵（1）叠放在发带的正面。

将发带和兔耳朵的缝份对齐，左右耳之间相距7mm，用纸胶带等工具临时固定。

⑦将兔耳朵缝在发带的缝份部分。

※如果是用缝纫机缝制，请注意不要让缝纫机机针扎进塑料线。

正面

反面　反面

1.5mm

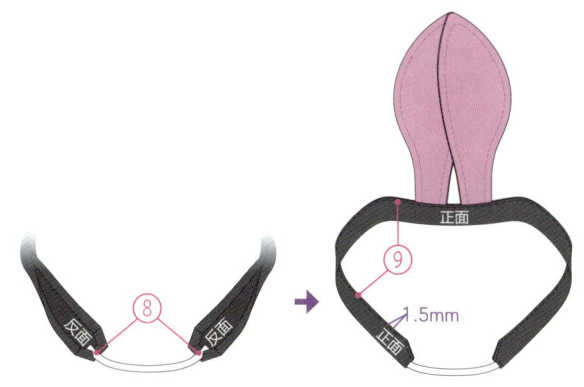

4 缝合发带

⑧将剪成6.5cm的扁平松紧带用少量布用胶水临时固定在带子的两端。

※请根据娃娃的大小调整松紧带的长度。

⑨将带子向外对折，夹住兔耳朵，缝合边缘。

※如果是用缝纫机缝制，请注意不要让缝纫机机针扎进塑料线。

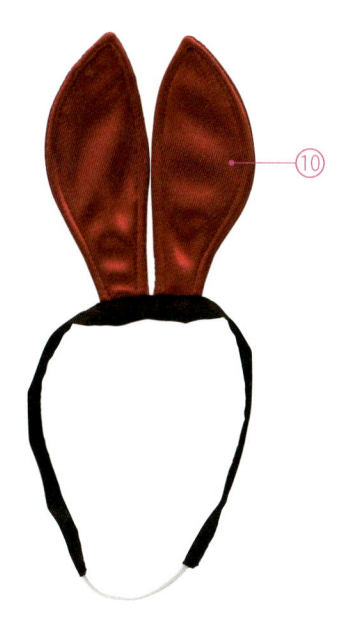

5 将兔耳朵部分弯曲

⑩将兔耳朵部分弯曲，兔耳朵发带就完成了。

兔女郎装

纸样：㉒ p.101

材料准备

- 单向缎面：宽15cm × 长18cm
- 针织里布（反面用作正面）：宽13cm × 长18cm
- 扁平松紧带（宽3.5mm）：适量
- 毛绒球（直径2cm）：1个

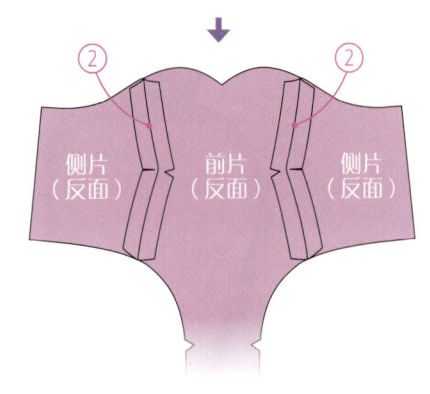

1 缝合面布

①将前片和侧片对齐，沿成品线缝合。

②展开缝份，轻轻熨烫。

※如果使用缝纫机，建议使用适合针织布料的线进行缝制。缝制时，可以在布料下垫一张薄纸，提升缝制顺畅度（见p.49）。

※如果是手工缝制，请用半回针缝的针法以保持布料弹性。

2 加里布

③将面布和里布正面相对，对齐，沿成品线缝合图中所示三处，在缝份处打剪口。

※图中★标记处，面布和里布会稍微有一些松弛。

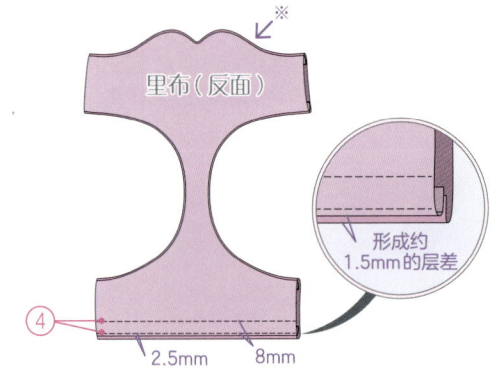

形成约1.5mm的层差

2.5mm　8mm

3 翻回正面后用明线缝松紧带通道

④将其翻回正面，调整形状，用熨斗轻轻烫平但不要烫出痕迹，然后在后背处用明线缝两道线形成松紧带通道。

※胸部领口造型，请确保M字形清晰美观的线条。

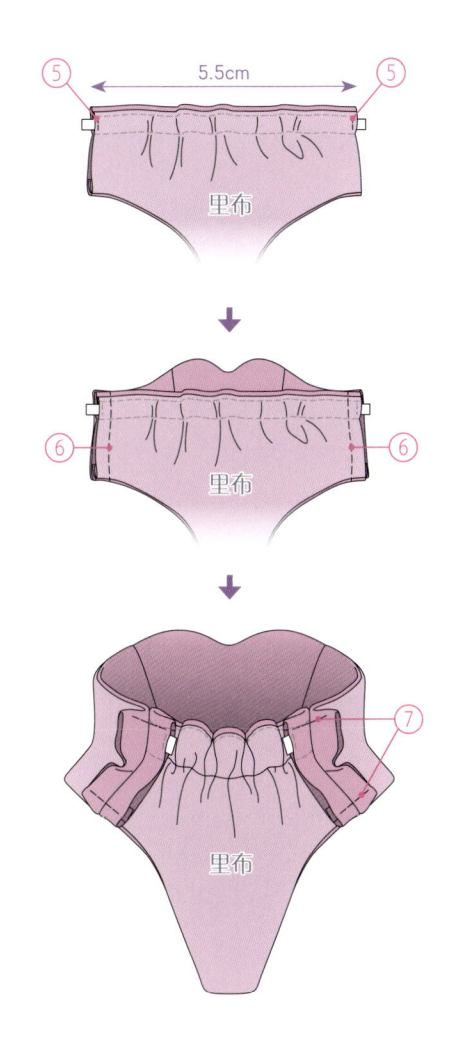

过程

5.5cm

⑤ ⑤

里布

⑥ ⑥

里布

⑦ ⑦

里布

⑧

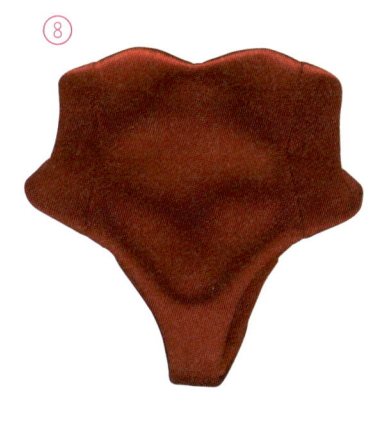

5 加尾巴

⑧将其翻回正面，调整造型，在背部缝上一个直径2cm的毛绒球，也可以用布用胶水贴上去，这样兔女郎装就完成了。

背面造型

4 将松紧带穿过后背，缝合侧边

⑤用穿带器（或毛线用的缝针）穿入扁平松紧带，剪下两端，调整至5.5cm，然后缝合。

⑥将侧边与后腰正面相对，对齐，沿成品线缝合，展开缝份。

⑦缝合固定好后，如图所示展开缝份部分。

067

连裤袜

纸样：㉓ p.100

材料准备
- 薄款弹力针织布：宽25cm × 长12cm
- 扁平松紧带（宽3.5mm）：适量

1 缝合前裆

①将两片裁片正面相对，对齐，沿成品线缝合前裆，展开缝份。

※如果使用缝纫机，建议使用适合针织布料的线进行缝制。缝制时，可以在布料下垫一张薄纸，提升缝制顺畅度（见p.49）。

※如果是手工缝制，请使用稍微宽松的半回针缝以保持弹性。

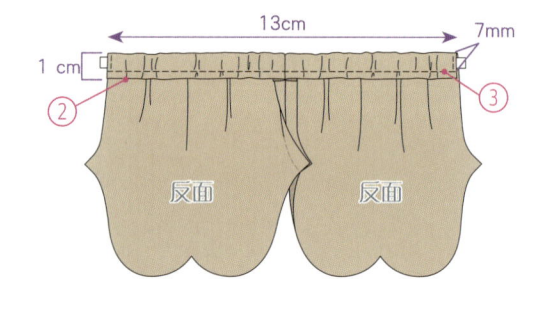

2 腰部穿入松紧带

②腰部向内折1cm。

③和裤子腰部的做法一样，一边穿入松紧带一边缝合。

※参照 p.30 7~8。请根据娃娃的腰围调整松紧度。

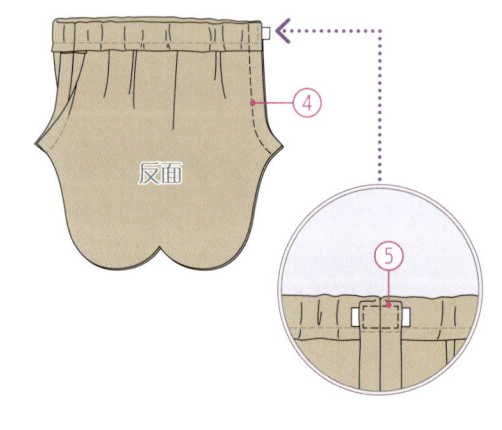

3 缝合后裆

④正面相对，对齐，沿成品线缝合后裆。

⑤展开缝份，固定松紧带部分。

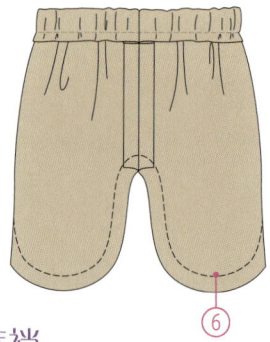

4 缝裤裆

⑥将裁片正面相对，对齐，从一个脚尖到另一个脚尖，沿成品线缝合。

⑦翻回正面，连裤袜就完成了。

袖口

纸样：21　p.100

材料准备
- 平纹布：宽20cm×长5cm
- 纽扣配件（纽扣、水钻贴等）：4个

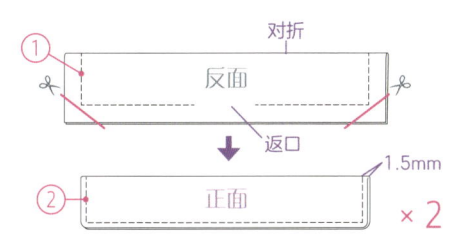

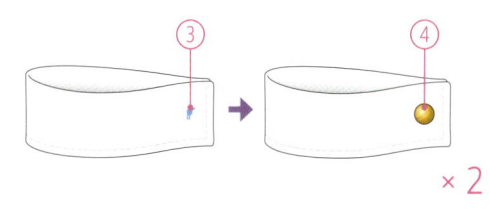

1 缝制（2个）
① 将袖口向外对折，留1.5cm左右的返口，沿成品线缝合其他部分，然后剪掉缝份的角。
② 翻回正面，调整形状，熨烫平整后缝明线。

2 完成（2个）
③ 将袖口对折，用线固定。
※请根据娃娃的手臂粗细进行调整。
④ 缝上纽扣或者贴上水钻贴等装饰，袖口就完成了。

领结

纸样：21　p.100

材料准备
- 涤纶缎面：宽4cm×长4cm
- 丝带（宽2mm）：35cm×1条、5cm×1条

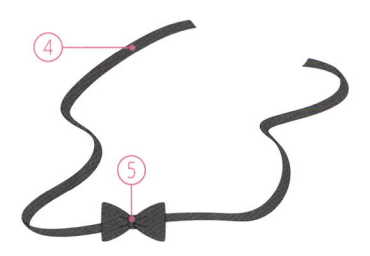

1 制作领结
① 向外对折，留1cm左右的返口，沿成品线缝合其他部分。
② 制作成管状后，如图所示进行折叠，沿成品线缝合两端。
③ 翻回正面熨烫平整后，在中间用线收紧并缠绕，形成蝴蝶结的造型。

2 固定到丝带上
④ 将宽2mm的丝带剪至35cm长，将1叠在中间，用线缝合或用布用胶水固定。
⑤ 将宽2mm的丝带剪至约5cm长，在背面涂上强力双面胶（或布用胶水），缠绕在蝴蝶结的中心。剪掉多余部分，领结就完成了。

花边褶发带

纸样：25 p.101~102

材料准备
- 平纹布：宽28cm × 长13cm
- 扁平松紧带（宽3.5mm）：6.5cm

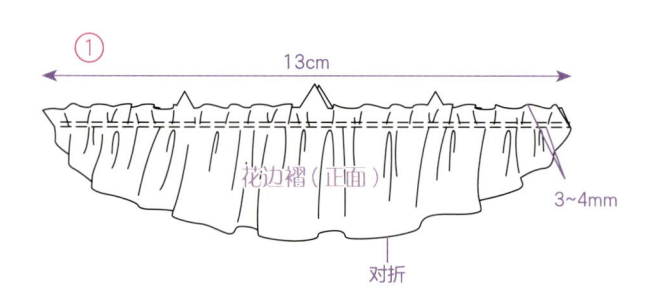

---

1 做花边褶

① 将花边褶向外对折，抽褶至13cm。

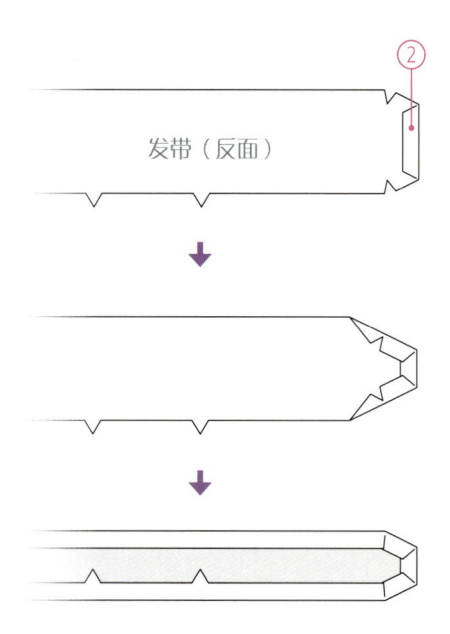

（图示：13cm，3~4mm，花边褶（正面），对折）

2 折发带的缝份

② 将发带的缝份全部折到反面，熨烫出折痕。

（图示：发带（反面））

发带（正面）

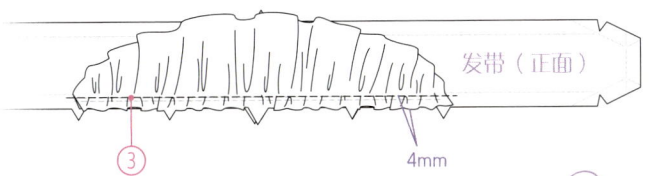

4mm

3 将花边褶缝在发带上

③打开②中折好的缝份，将花边褶（1）缝在发带的正面。

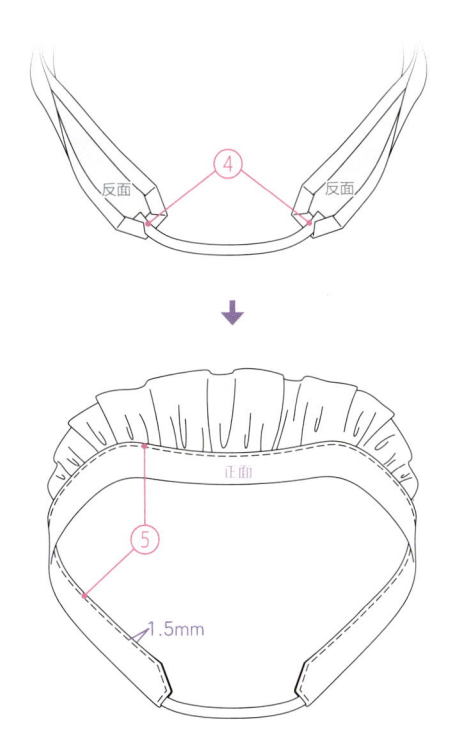

4 缝合发带

④将2中发带的缝份展开一些，用少量布用胶水将6.5cm长的扁平松紧带临时固定在发带的两端。

※请根据娃娃大小调整松紧带的长度。

⑤将花边褶夹在发带中间对折，缝合边缘，发带就完成了。

1.5mm

贝雷帽

纸样：㉗ p.104

材料准备
- 平纹布（顶部、侧面用）：宽43.5cm×长20cm
- 平纹布（帽檐用）：宽29cm×长3.4cm
- 平纹布（蝴蝶结用）：宽38cm×长10cm
- 毛绒球（直径2cm）：1个

1 缝帽檐

① 沿竖直方向中线对折，缝合末端边缘，展开缝份。

② 如图所示，沿水平方向对折，边缘对齐，在缝份处缝一圈固定。

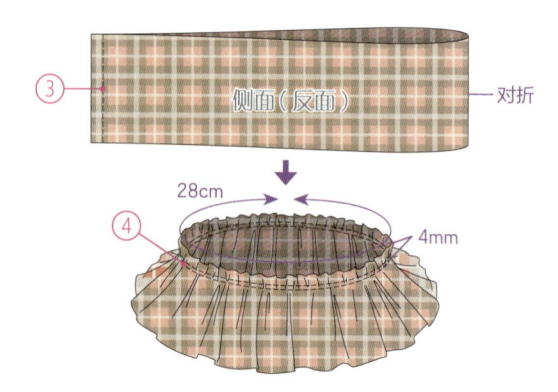

2 缝制侧面

③ 将侧面布的正面相对折叠，沿成品线缝合边缘，展开缝份。

④ 在一侧的缝份上进行抽褶，将周长调整至28cm。

3 将侧面和帽檐缝在一起

⑤ 将侧面和帽檐的边缘对齐，沿成品线缝一圈。

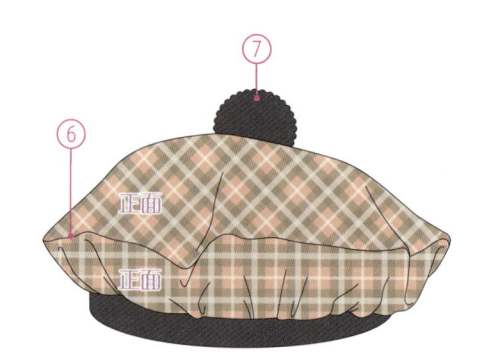

4 将顶部和侧面缝在一起

⑥ 将顶部和侧面的边缘对齐，沿成品线缝一圈。

⑦ 在顶部的中心位置缝上直径2cm的毛绒球，也可以用布用胶水粘合。这样基本款贝雷帽就完成了。

如何制作蝴蝶结

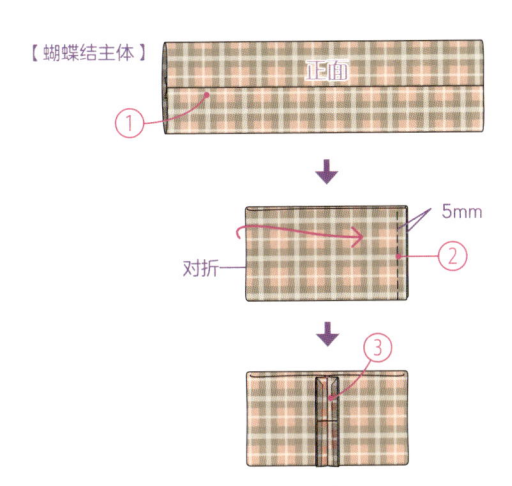

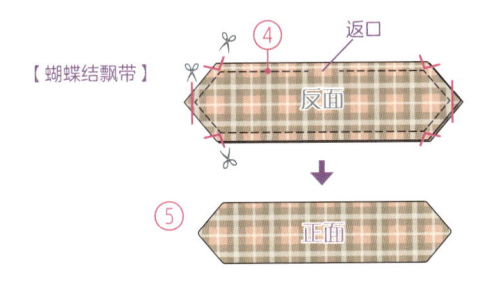

【蝴蝶结主体】

【蝴蝶结飘带】

截面
折成锯齿状

【蝴蝶结主体】

【蝴蝶结飘带】

【蝴蝶结绑带】

1 缝制蝴蝶结部分

① 将蝴蝶结主体正面相对，对折，沿成品线缝合边缘，然后翻回正面。如图所示，调整形状使接缝居中，并用熨斗熨烫定型。

② 对折，在距边缘5mm处缝合，展开缝份。

③ 整理形状，重新折叠，使接缝居中。

④ 将两条蝴蝶结飘带正面相对缝合，留2cm左右的返口，沿成品线缝合其他部分，剪掉缝份的尖角。

⑤ 翻回正面，调整形状，熨烫平整。

2 组装蝴蝶结

⑥ 将蝴蝶结主体和飘带分别折叠成锯齿状，将面料重叠在一起后用线缠绕。

⑦ 将蝴蝶结绑带两端的缝份往里折，缠绕在⑥上，背面用线或布用胶水固定。

3 完成

⑧ 在贝雷帽的帽檐部分缝上蝴蝶结，贝雷帽就完成了。

单肩包

纸样: 29 p.106

材料准备:
- 合成革：宽8cm×长4cm
- 丝带（宽5mm）：23cm×2条

1 临时固定丝带

①准备好合成革爱心形状的裁片，在丝带边缘涂上少量布用胶水，贴在合成革的反面。

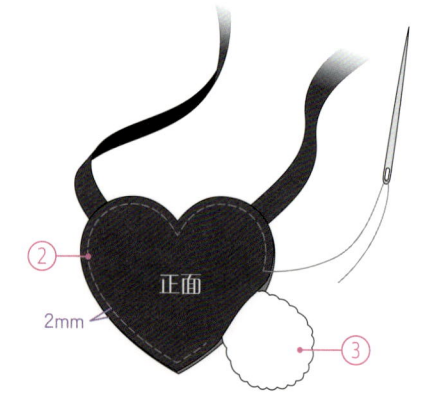

2 一边缝合边缘一边塞入棉花

②将两片裁片反面相对，对齐，并沿边缘缝合。当剩下约2cm开口时暂停缝制，先不要剪断线。

③填充少量棉花。如果使用缝纫机缝制，要保持在针插入布料的状态下，抬起压脚进行操作。

3 完成

④塞入棉花后，缝合剩余部分。也可以根据自己的喜好装饰贴纸或徽章。

⑤在丝带的末端系蝴蝶结，单肩包就完成了。

衬衫裙

材料准备
- 平纹布：宽100cm×长15cm
- 波浪形织带：50cm
- 纽扣：5个

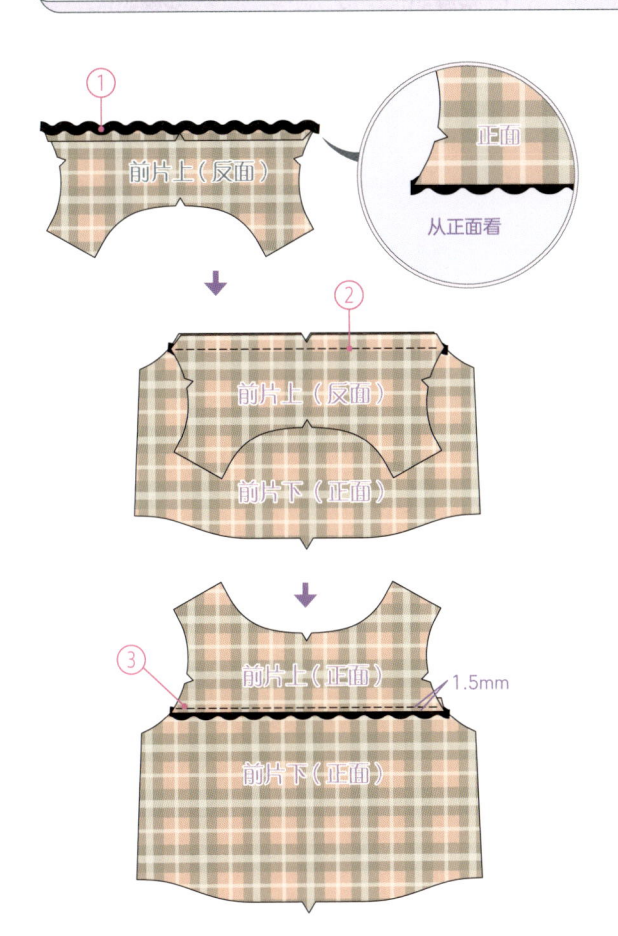

纸样：28 p.105～106

①
前片上（反面）

正面
从正面看

②
前片上（反面）
前片下（正面）

③
前片上（正面）
前片下（正面）
1.5mm

④
前襟（正面）

⑤
前片（正面）
1.5mm

1 缝合前片

① 将前片上的缝份往里折，在缝份上叠波浪形织带，用少量布用胶水临时固定。
② 先打开前片上的缝份，与前片下正面相对，对齐，沿成品线缝合。
③ 将前片上翻至正面，缝份倒向上方，熨烫后缝明线。

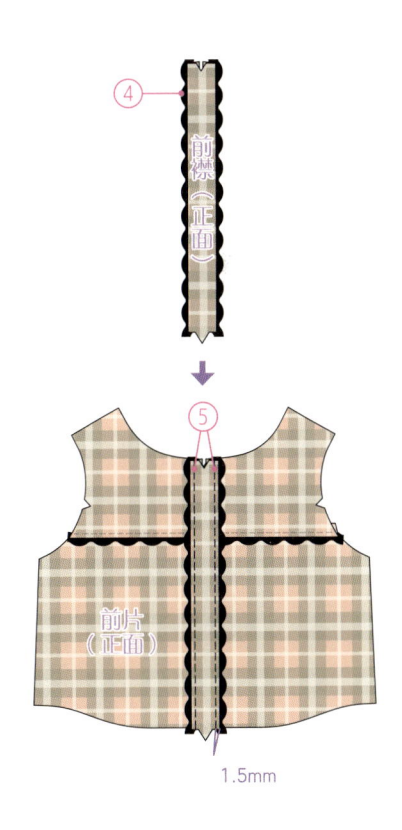

2 在前片正面加前襟

④ 将前襟的缝份沿成品线往反面折，在缝份处叠上波浪形织带，用少量布用胶水临时固定。
⑤ 将④缝在前片的正面。

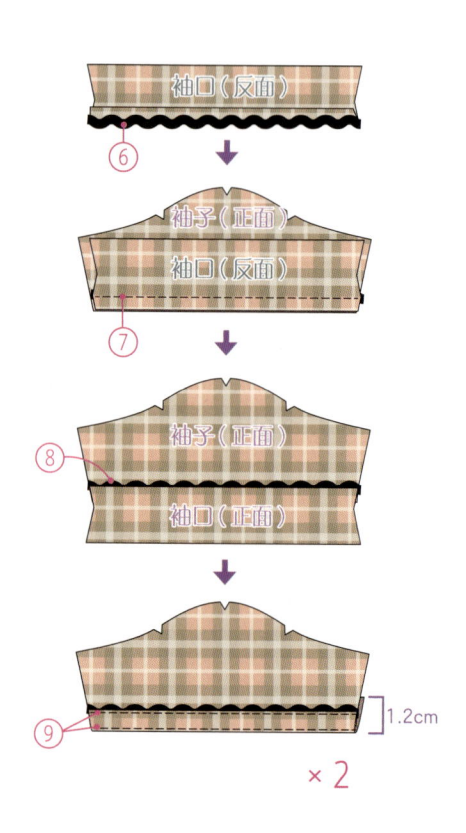

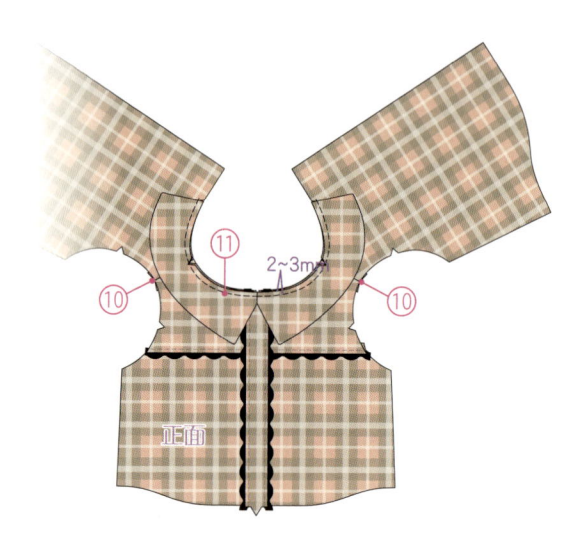

4 缝合肩线、安装衣领

⑩ 将前片和后片的肩线，展开缝份，缝份倒向两边。
⑪ 用制作连衣裙领子的相同方法来制作领子，将领子叠放在衣身的正面。
※参照 p.35 *2~3*。

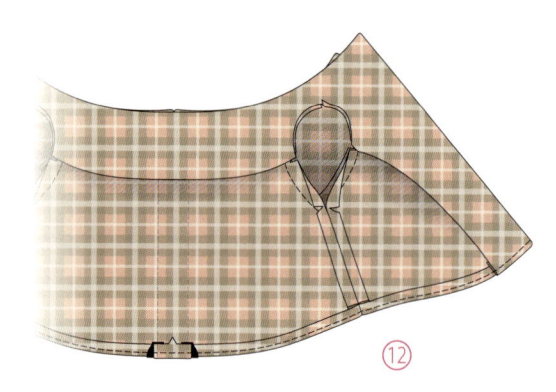

3 制作袖子（2个）

⑥ 将袖口的缝份往反面折，在缝份上叠波浪形织带，用少量布用胶水临时固定。
⑦ 先将袖口的缝份打开，与袖子正面相对，对齐，沿成品线缝合。
⑧ 将袖口翻下来，缝份倒向袖口一侧，熨烫平整。
⑨ 将袖口向内折叠1.2cm，熨烫平整之后缝一道明线。

5 缝上贴边和袖子，缝合袖底、侧缝和下摆

⑫ 缝制方法与荷叶边衬衫相同。
※参照 p.61 *4~6*。

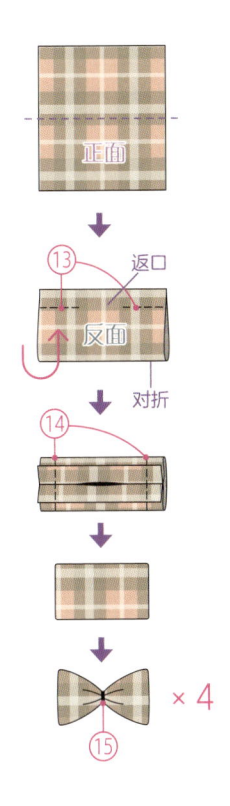

6 制作蝴蝶结

⑬ 将布料正面相对，对折，预留1cm的返口，沿成品线缝合其他部分。

⑭ 将⑬重新整理形状，再次折叠成如图所示的管状，并沿成品线缝合两端。

⑮ 将其翻回正面，调整形状，熨烫，然后收紧中间部分并用线缠绕，形成蝴蝶结的造型。

7 完成

⑯ 在后片安装魔术贴。

⑰ 在袖子上缝上蝴蝶结，在前襟安上扣子，衬衫裙就完成了。

短袖衬衫

纸样：30　p.105、107

材料准备
- 平纹布：宽85cm×长15cm
- 扣子：5个

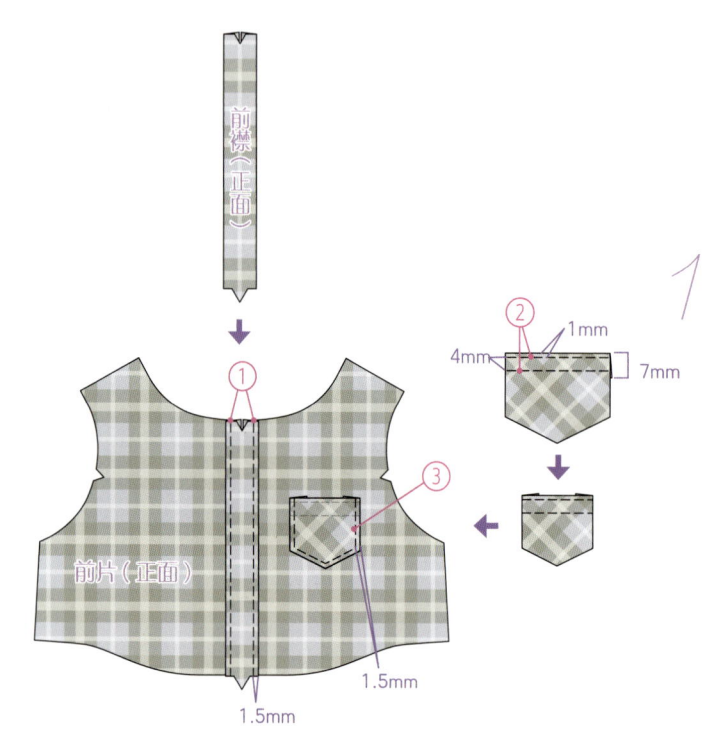

1 在前片缝上前襟和口袋

①沿着成品线把前襟的缝份往里折，将前襟叠在前片中心位置，以明线缝合。

②将口袋的上端向里折叠7mm并缝合固定。

③将口袋的缝份往里折，然后贴缝在前片的正面。

2 缝制袖口（2个）

④将袖口向内折叠，沿成品线缝一条明线。

过程

3 缝合肩线、安装衣领

⑤将前片和后片的肩线缝合,展开缝份（左右两处）。

⑥用与制作连衣裙领子相同的方法来制作衣领,将领子叠放在衣身的正面并缝合领口。

※参照 p.35 *2~3*。

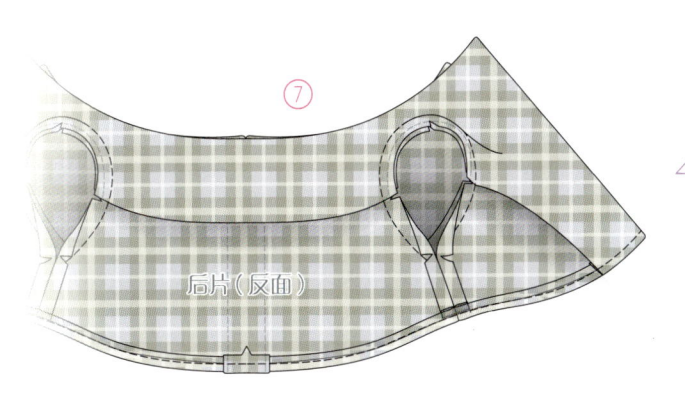

4 缝上贴边和袖子,缝合袖底、侧缝和下摆

⑦用与荷叶边衬衫相同的方法缝制。

※参照 p.61 *4~6*。

5 完成

⑧在后中心处缝上魔术贴。

⑨在前襟缝上纽扣,衬衫就完成了。

丝带发带

纸样：32 p.102、108

材料准备
- 平纹布：宽38cm×长15cm
- 蕾丝：17cm×2根
- 丝带（宽3mm）：17cm
- 扁平松紧带（宽3.5mm）：6.5cm

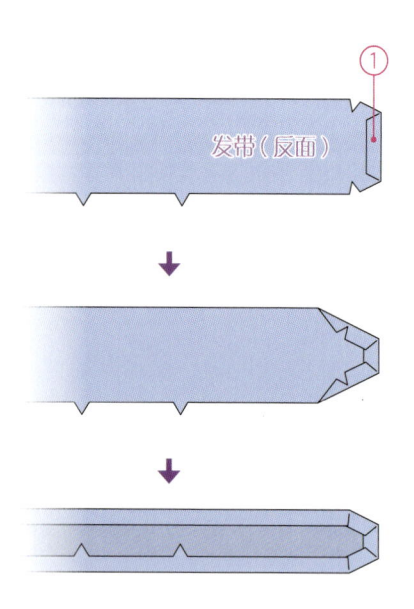

1 折发带的缝份

①将发带的缝份全部往里折，熨烫出折痕。

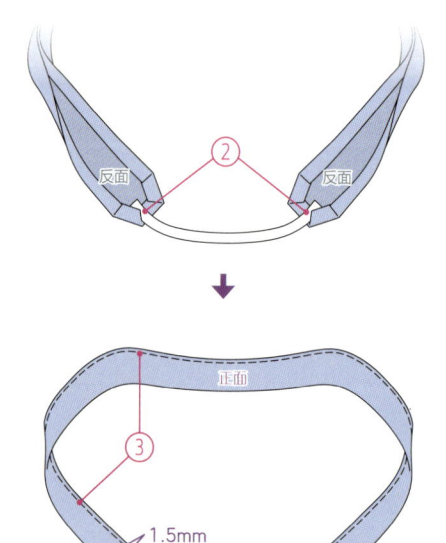

2 缝合发带

②将剪成6.5cm的扁平松紧带用少量布用胶水临时固定在发带的两端。

※请根据娃娃头的大小调整松紧带的长度。

③沿中心线向外对折，缝合边缘。

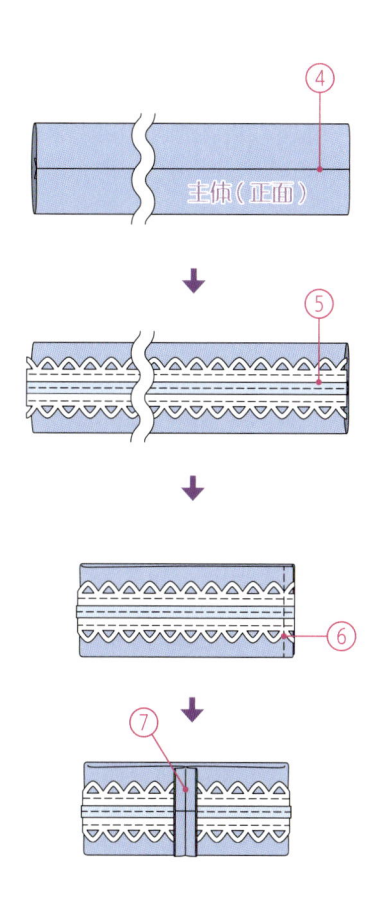

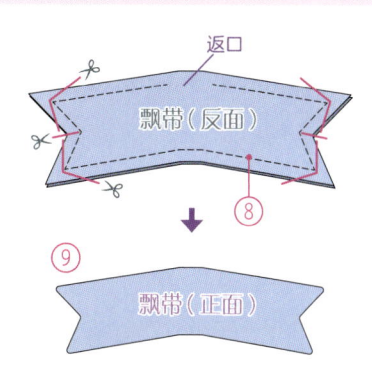

4 制作蝴蝶结飘带

⑧ 将两条蝴蝶结飘带正面相对，对齐，留2cm左右的返口，沿成品线缝合其他部分，剪掉缝份的角并打剪口。

⑨ 翻回正面，整理尖角形状，熨烫平整。

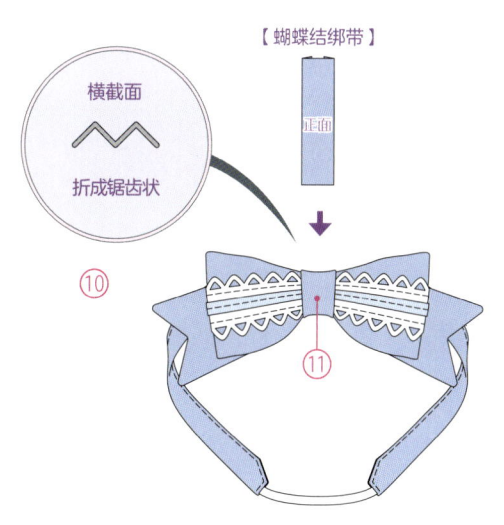

3 制作蝴蝶结主体

④ 将蝴蝶结主体对折，使较长的边对齐，沿成品线缝合长边后翻回正面。如图所示，调整形状使接缝居中，并用熨斗熨烫定型。

⑤ 在没有接缝的一面缝上蕾丝和丝带。

⑥ 将带花边的面朝外对折，缝合边缘，展开缝份。

⑦ 如图所示，重新调整形状使接缝居中。

5 组装蝴蝶结

⑩ 参考贝雷帽的蝴蝶结制作（参照 p.73 2），将蝴蝶结主体折叠成锯齿状，与发带、蝴蝶结飘带重叠，用线缠绕。

⑪ 将蝴蝶结发带两端的缝份往里折，缠绕在一起，背面用线或用胶水固定。

少女漫画连衣裙

纸样：**33** p.102~103、109

材料准备

- 平纹布：宽85cm×长15cm
- 平纹布（衣领、胸衬、袖口、围裙用）：宽30cm×长15cm
- 薄纱：宽30cm×长12cm
- 丝带（3mm宽）：胸衬用20cm，其他适量
- 蕾丝：约90cm
- 魔术贴：宽0.8cm×长3.5cm，宽0.8cm×长3.8cm

1 将胸口装饰叠在前片上

① 将胸衬重叠在前片上，用布用胶水临时固定。
② 用布用胶水粘贴丝带，缝上蕾丝，遮住丝带的边缘。

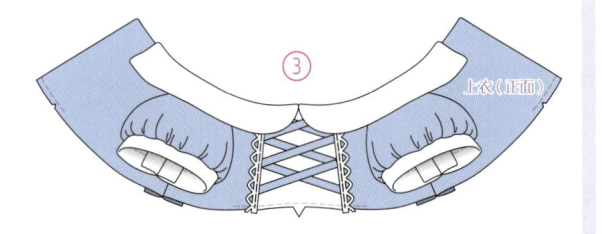

2 制作上衣部分

③ 按照与连衣裙相同的方法制作上衣部分。
※参照 p.35 *1*~p.36 *9*。

3 制作裙子

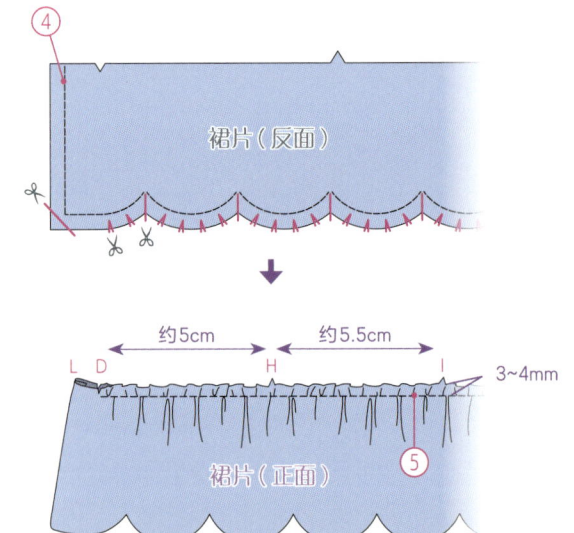

④ 将两片裙片正面相对，对齐，将除裙腰以外的三条边都缝合。在缝份处打剪口，然后将其翻回正面，整理下摆形状。
※扇贝边制作方法参照 p.24。

⑤ 在腰部的缝份处进行抽褶。各部分的长度可根据娃娃身体进行调整。

4 制作围裙

⑥将围裙正面相对，对齐，沿成品线缝合下摆。

⑦在缝份处打剪口，然后将其翻回正面，调整形状，用熨斗熨烫平整，将窄边蕾丝叠在边缘并缝合。

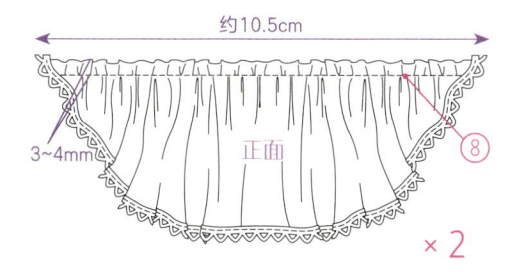

5 制作纱裙（2片）

⑧在薄纱的边缘缝上窄边蕾丝，然后将其抽褶，使直线部分的长度抽缩至10.5cm。制作两片相同的纱裙。

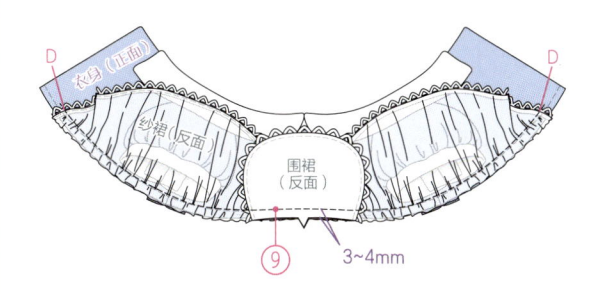

6 把4、5叠在衣身上缝合

⑨如图所示，将4和5叠在衣身的下缘，并将其缝合在下缘的缝份处。

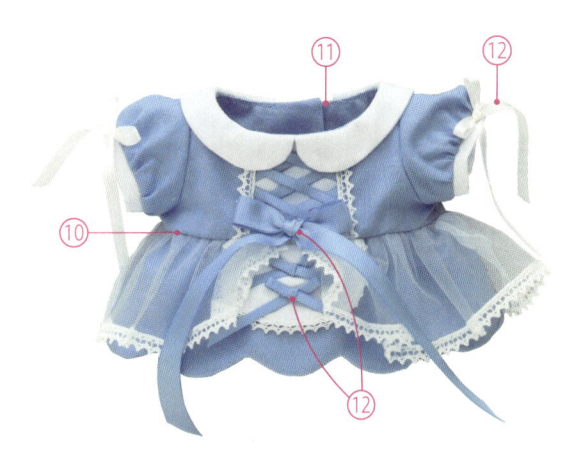

7 将衣身与裙片缝合，再缝上魔术贴

⑩按照与连衣裙相同的步骤，将衣身的下摆和裙子缝合在一起，即在衣身与裙子之间夹入纱裙和围裙后，将所有层一起缝合。

※参照 p.37 *13*。

⑪在后中心处缝上魔术贴。

※参照 p.37 *15*。

⑫系好蝴蝶结，缝在腰部、袖子、围裙上，连衣裙就完成了。

王子衬衫

纸样：34 p.98、108

材料准备
- TANIPON：宽90cm × 长15cm
- 魔术贴：宽0.8cm × 长5cm
- 扁平松紧带（宽3.5mm）：适量
- 装饰纽扣：1个

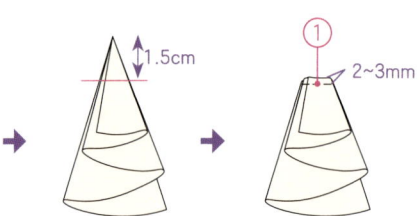

1 制作荷叶边领结

① 如图所示，沿着纸样的线条折叠，将尖端向后折叠1.5cm并缝合。

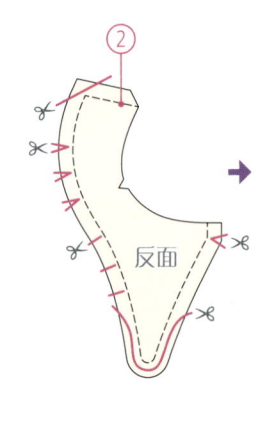

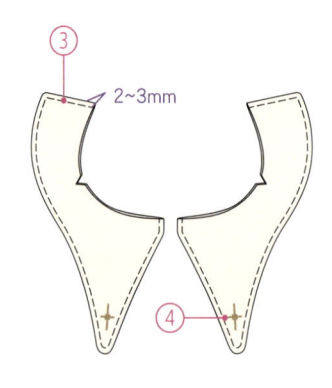

2 制作衣领

② 将左右衣领分别正面相对缝合。在缝份处打剪口，将其翻回正面，调整领尖形状，然后熨烫平整。

※如图所示，将领尖处的缝份宽度修剪至一半左右，就会形成漂亮的造型。

③ 缝合领子边缘。另一个领子也用同样的方法制作。

④ 根据个人喜好，可以用刺绣等方式添加图案。

过程

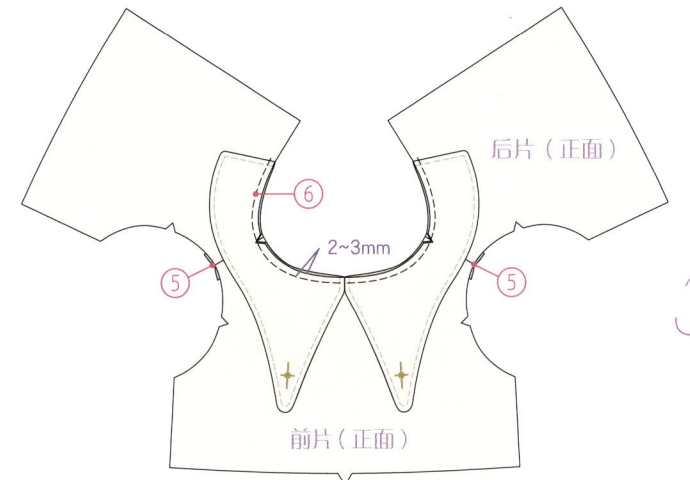

3 缝合肩线、安装衣领

⑤ 将前片和后片的肩线缝合，展开缝份（左右两处）。

⑥ 将衣领（2）叠放在衣身的正面。

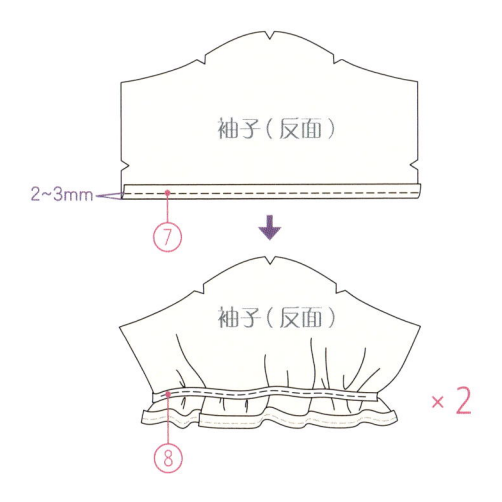

4 制作袖子

⑦ 将袖口的缝份往里折并缝合。

⑧ 将剪成6.5cm长的扁平松紧带拉伸后缝合固定。

5 完成

⑨ 按照与荷叶边衬衫相同的方法制作余下的部分。

※参照 p.61 4~7。

⑩ 在衣领上系上荷叶边领结（1）和装饰纽扣，衬衫就完成了。

085

纸样

使用说明

缝份
在裁剪线和成品线之间。

裁剪线
沿这条线裁剪布料。

成品线
沿着这条线缝合。

部件名称/数量
在"左右对称 各×1"的指示下，需要将纸样正面一张，反面一张地（镜像对称）描画到布料上，然后裁剪。

（图中标注：
B 猫耳耳枕
内耳
短绒布
左右对称 各×1
毛流方向线
A   C）

对齐标记
指三角形凹凸状的标记。这是组合多个部分时的标记。

纸样名称

合号
当组合多个部分时，将相同字符的各部分对齐。

对称纸样

（图中标注：对折　短袜　针织汗布　×2）

表示左右对称纸样的右半部分（或左半部分）。
以对折线（—·—）为中心，将纸样左右对称地画到布料上进行裁剪。

线的种类

— — — — 折线

—·—·— 对折线

布纹线①
将纸样按照与布料的经纱方向一致的方向描绘。

布纹线②
用于表示没有经纬纱向区别的布料（如素色棉布等）的布纹线。

毛流方向线
用于表示短毛绒和针织里布等布料的毛流走向。

1 猫耳耳机 ①

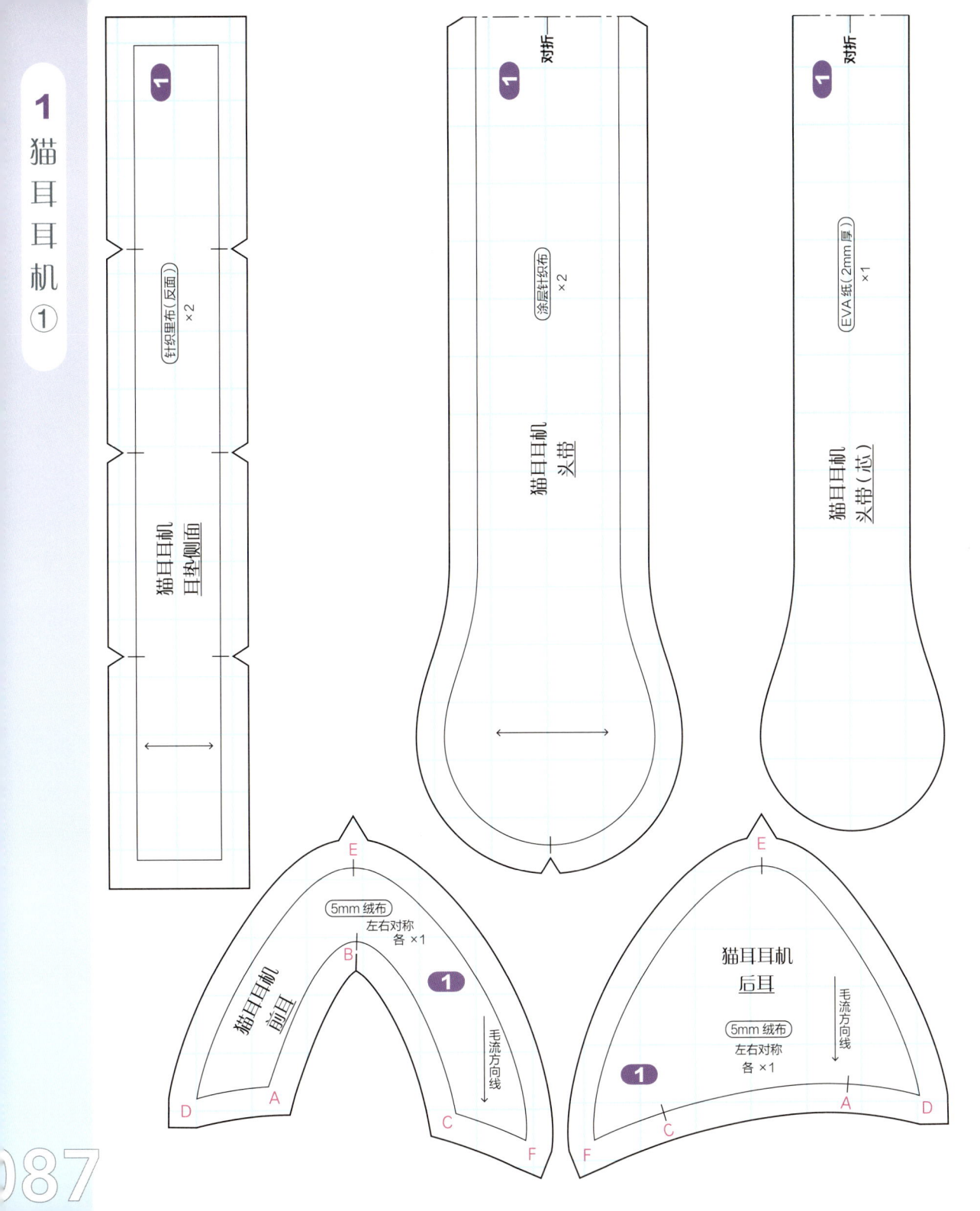

1 猫耳耳机
2 运动夹克

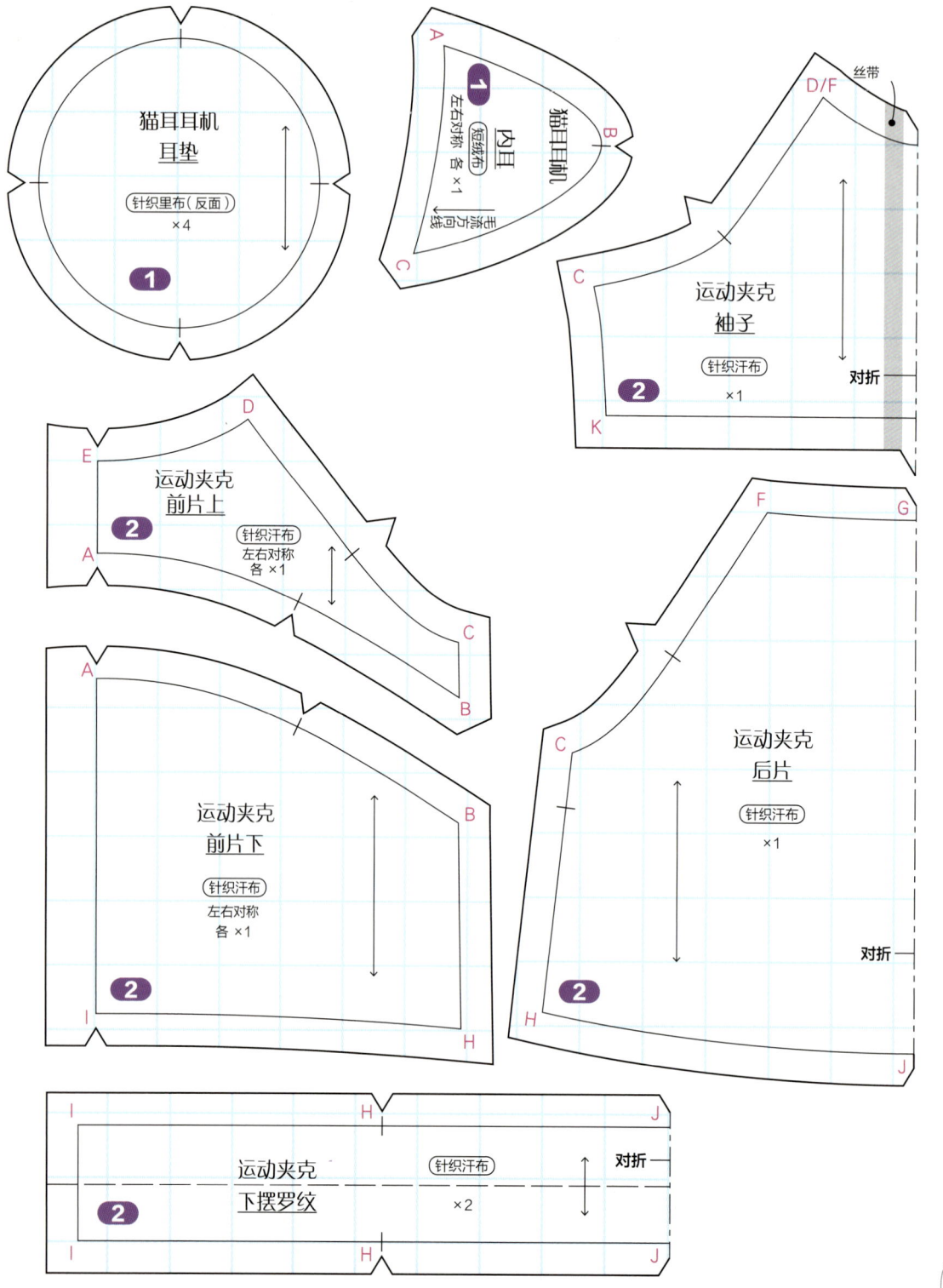

2 运动夹克②
3 围裙

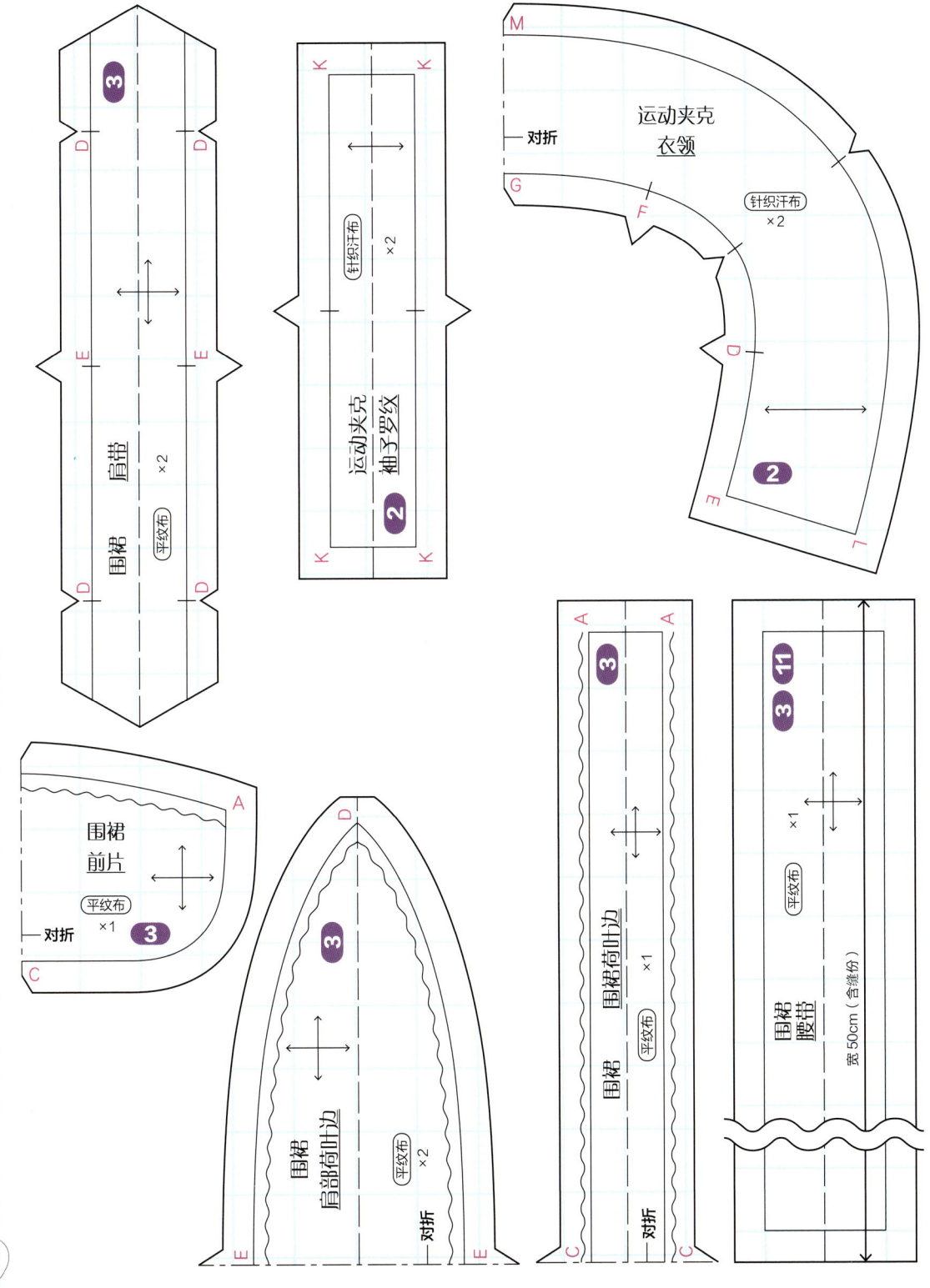

4 渔夫帽

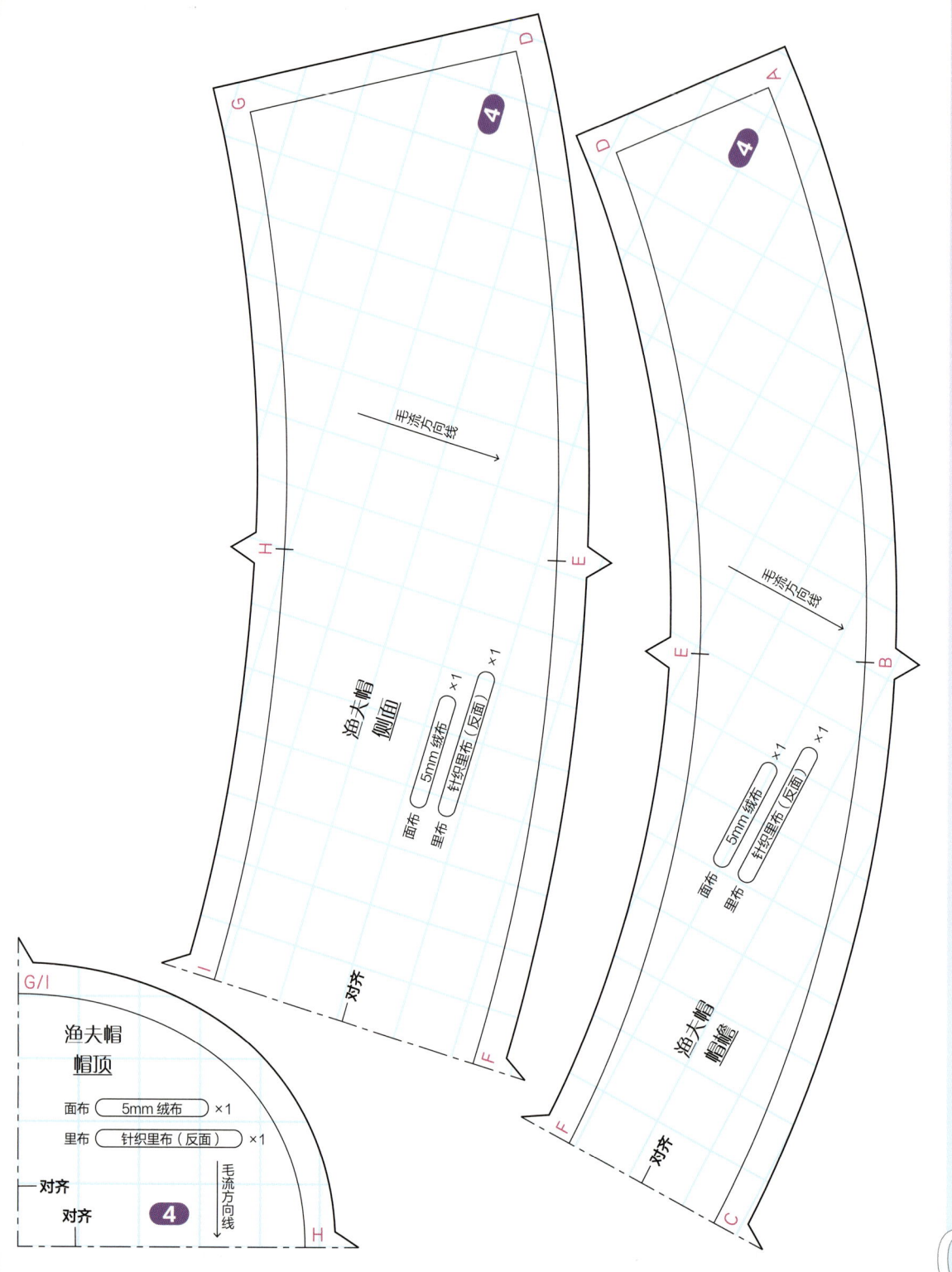

渔夫帽 侧面
面布 5mm 绒布 ×1
里布 针织里布（反面）×1

渔夫帽 帽檐
面布 5mm 绒布 ×1
里布 针织里布（反面）×1

渔夫帽 帽顶
面布 5mm 绒布 ×1
里布 针织里布（反面）×1

5 长款T恤

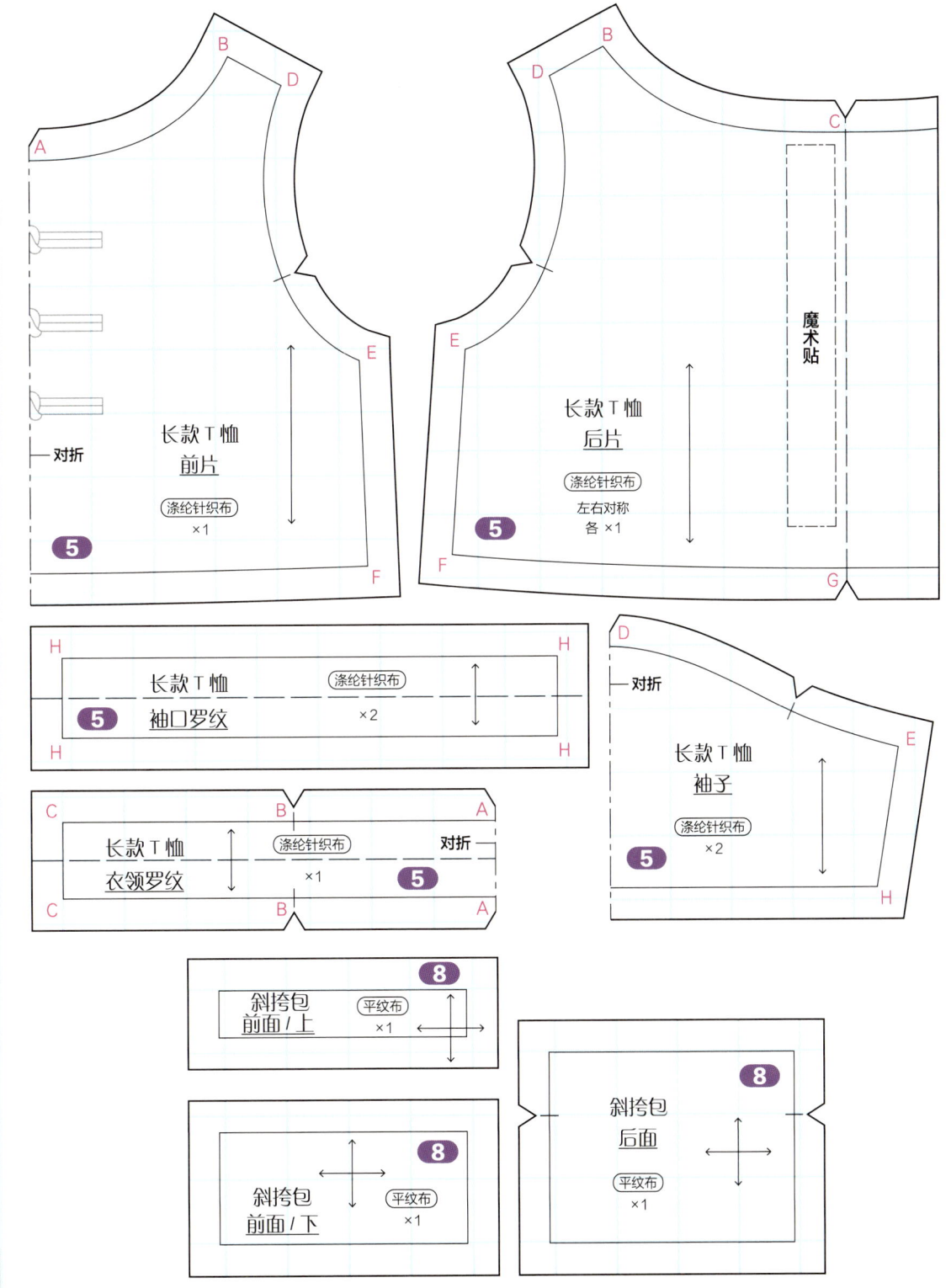

8 斜挎包

长款T恤 前片
涤纶针织布
×1

对折

长款T恤 后片
涤纶针织布
左右对称 各×1

魔术贴

长款T恤 袖口罗纹
涤纶针织布
×2

长款T恤 袖子
涤纶针织布
×2

对折

长款T恤 衣领罗纹
涤纶针织布
×1

对折

斜挎包 前面/上
平纹布
×1

斜挎包 前面/下
平纹布
×1

斜挎包 后面
平纹布
×1

6 连帽衫

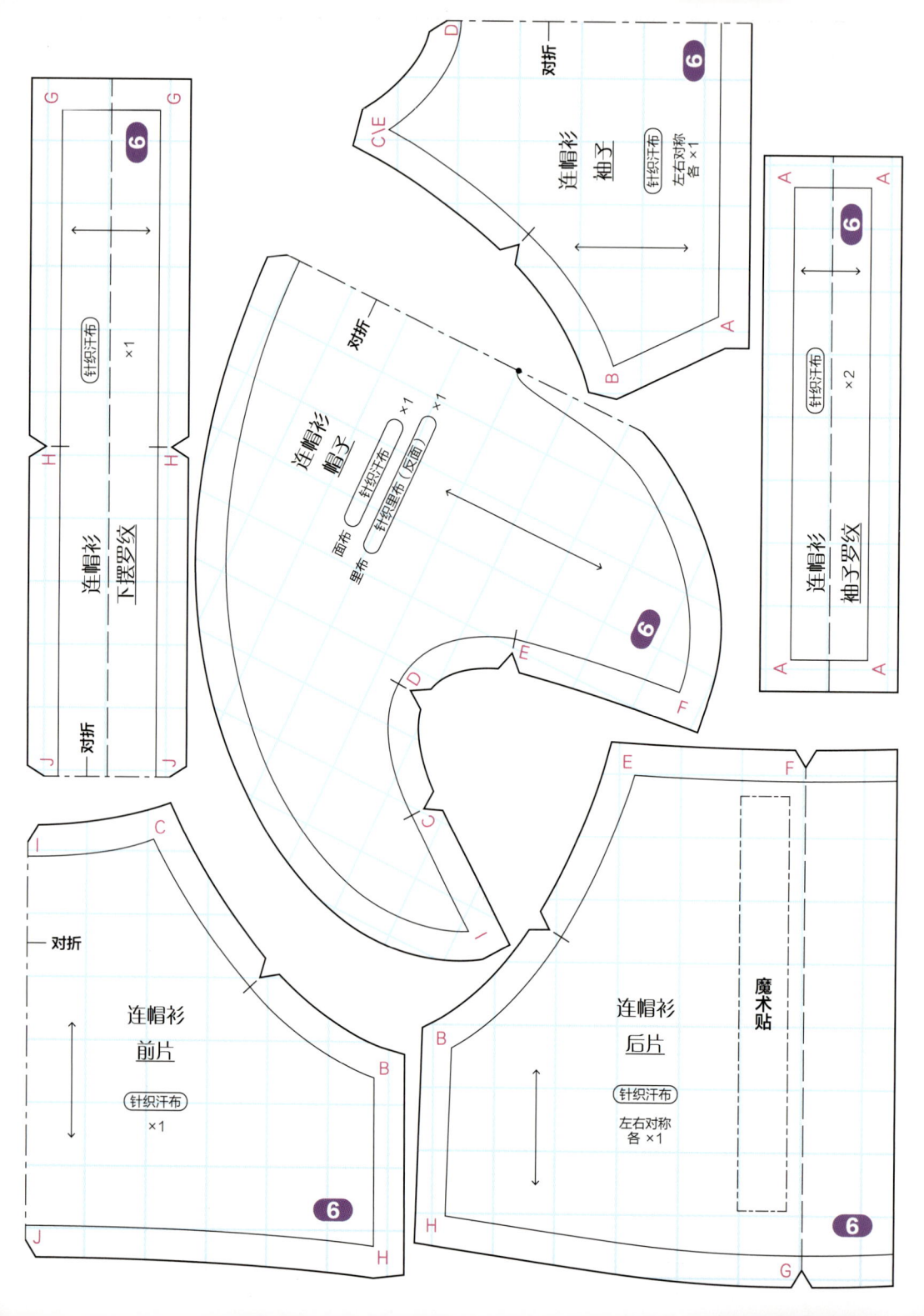

连帽衫 袖子
针织汗布
左右对称 各×1

连帽衫
针织汗布
×2

连帽衫 下摆罗纹
针织汗布
×1

连帽衫 帽子
面布 针织汗布
里布 针织里布（反面）
×1

连帽衫 袖子罗纹
针织汗布
×2

连帽衫 前片
针织汗布
×1

连帽衫 后片
针织汗布
左右对称 各×1

魔术贴

7 裤子（长 / 短）

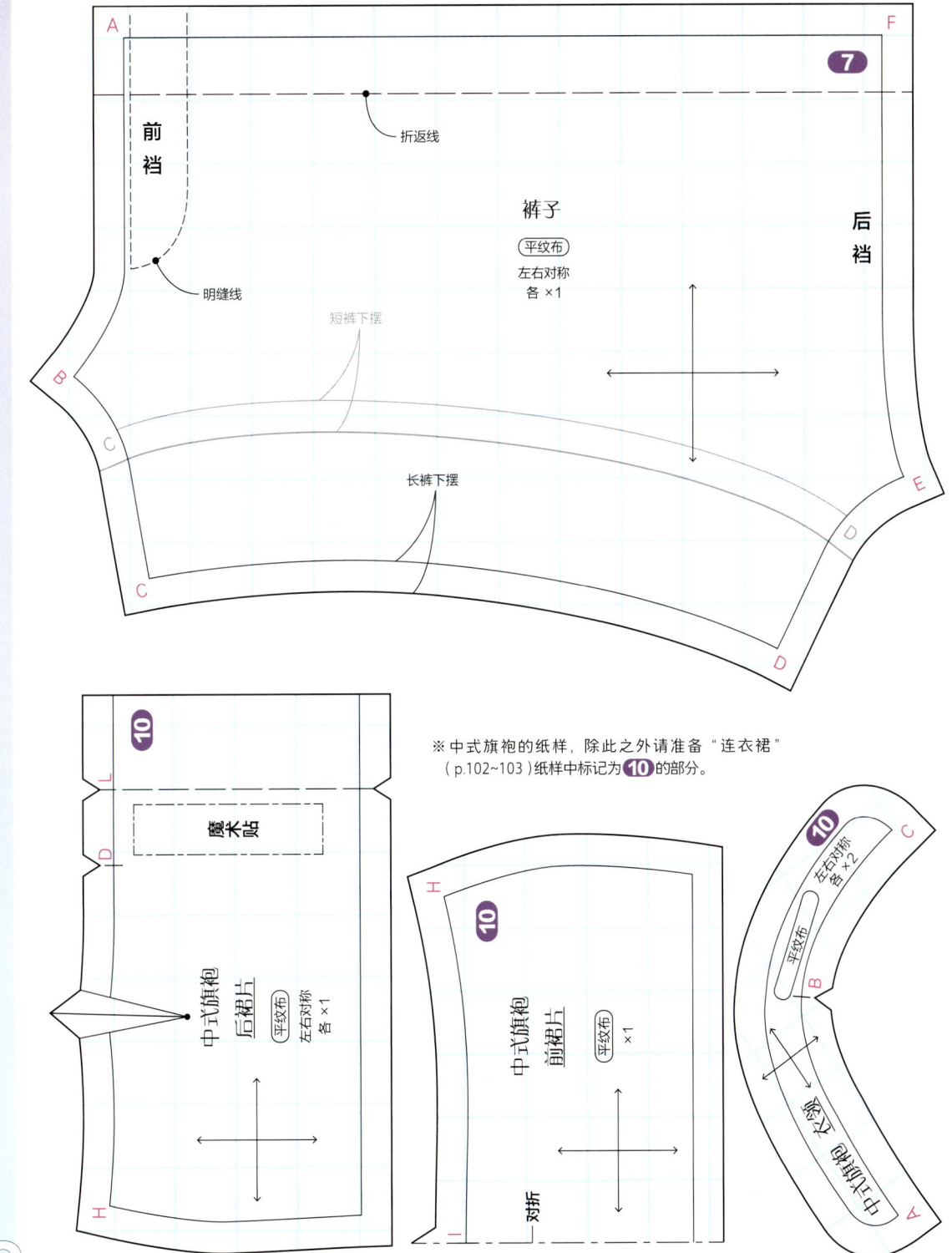

10 中式旗袍

裤子
平纹布
左右对称
各×1

- 前裆
- 折返线
- 明缝线
- 短裤下摆
- 长裤下摆
- 后裆

※ 中式旗袍的纸样，除此之外请准备"连衣裙"（p.102~103）纸样中标记为 10 的部分。

中式旗袍 后裙片
平纹布
左右对称
各×1

魔术贴

中式旗袍 前裙片
平纹布
×1

对折

中式旗袍 领
平纹布
左右对称
各×2

对折

9

发包
荷叶边

平纹布
×2

9

发包
主体

平纹布
×2

对折

对折

发包
底部

平纹布
×2

对折

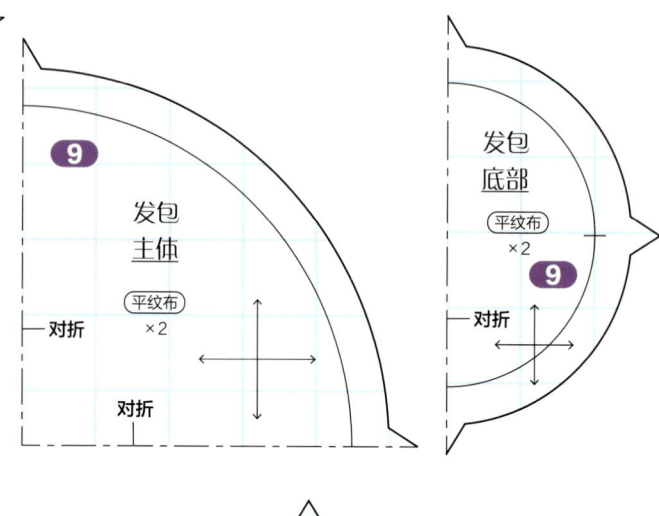

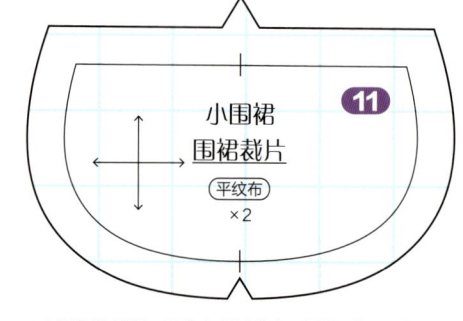

小围裙
围裙裁片

平纹布
×2

11

※小围裙的纸样，除此之外请准备"围裙"（p.89）
中的"腰带"纸样。

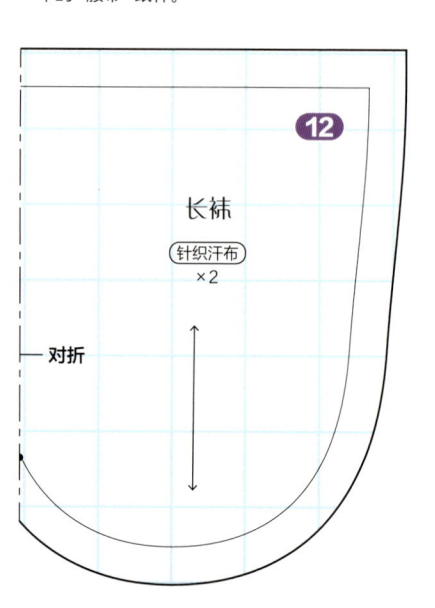

12

长袜

针织汗布
×2

对折

9 发包

11 小围裙

12 长袜

094

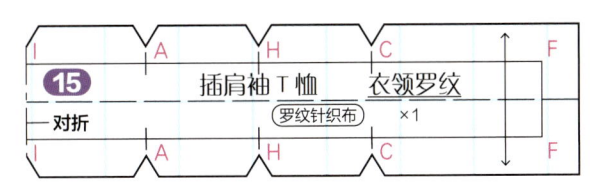

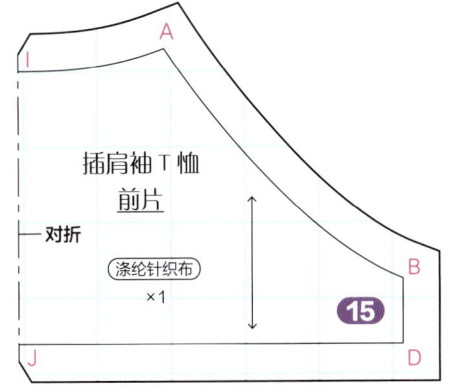

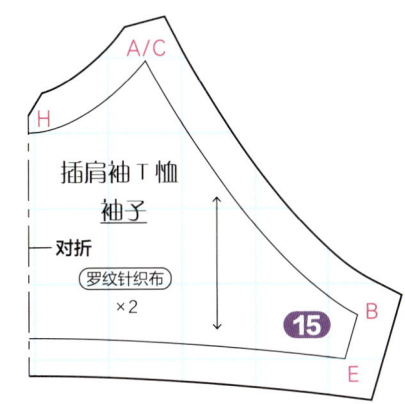

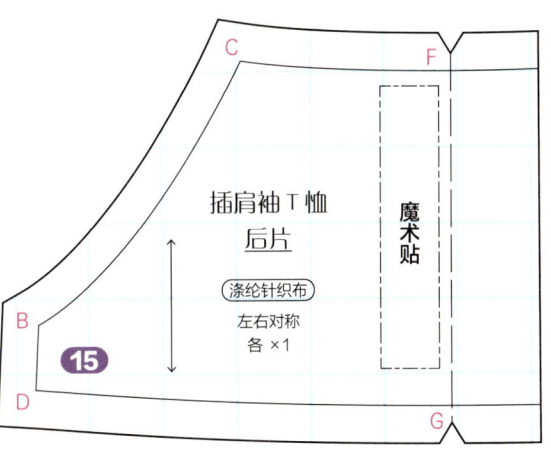

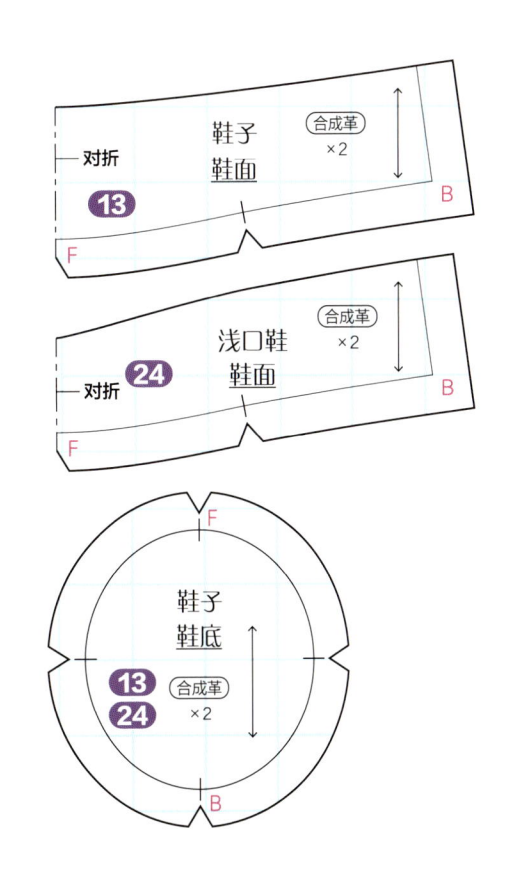

15 插肩袖T恤

13 鞋子

24 浅口鞋

插肩袖T恤 衣领罗纹
罗纹针织布 ×1
对折

插肩袖T恤 前片
涤纶针织布 ×1
对折

插肩袖T恤 袖子
罗纹针织布 ×2
对折

插肩袖T恤 后片
涤纶针织布
左右对称 各×1
魔术贴

鞋子 鞋面
合成革 ×2
对折

浅口鞋 鞋面
合成革 ×2
对折

鞋子 鞋底
合成革 ×2

095

14 刺绣夹克衫

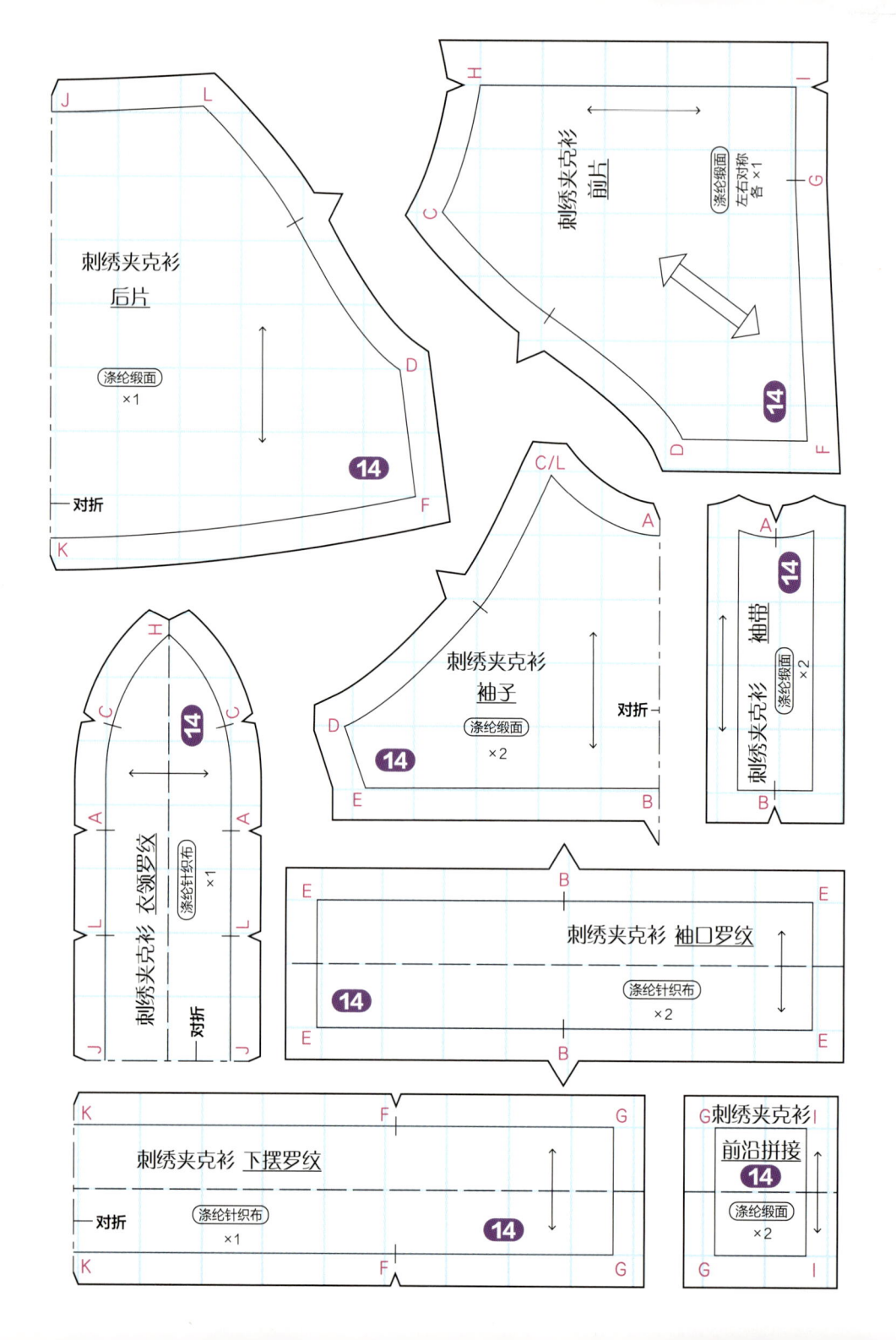

刺绣夹克衫 后片
（涤纶缎面）
×1
对折

刺绣夹克衫 前片
（涤纶缎面 左右对称 各×1）
14

刺绣夹克衫 袖子
（涤纶缎面）
×2
对折
14

刺绣夹克衫 袖带
（涤纶缎面）
×2
14

刺绣夹克衫 衣领罗纹
（涤纶针织布）
×1
对折

刺绣夹克衫 袖口罗纹
（涤纶针织布）
×2
14

刺绣夹克衫 下摆罗纹
（涤纶针织布）
×1
对折
14

刺绣夹克衫 前沿拼接
（涤纶缎面）
×2
14

16 工装裤

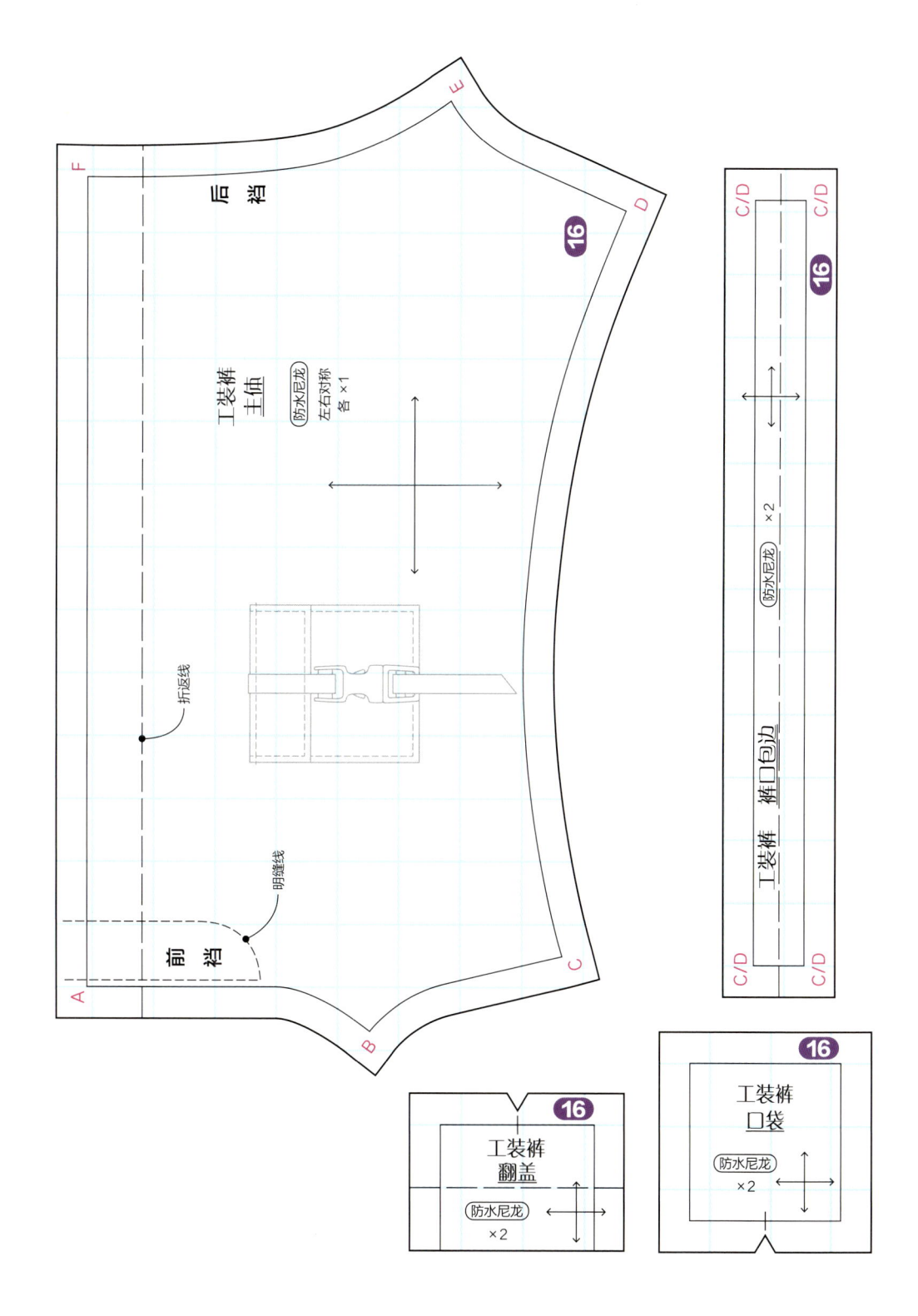

工装裤 主体
(防水尼龙)
左右对称
各 ×1

后档

前档

折返线

明缝线

工装裤 裤口包边
(防水尼龙) ×2

工装裤 翻盖
(防水尼龙) ×2

工装裤 口袋
(防水尼龙) ×2

17 荷叶边衬衫

荷叶边衬衫
前门襟荷叶边 (TANIPON) ×2

※荷叶边衬衫，除此之外请准备"连衣裙"（p.103）款式中"衣领"的纸样。

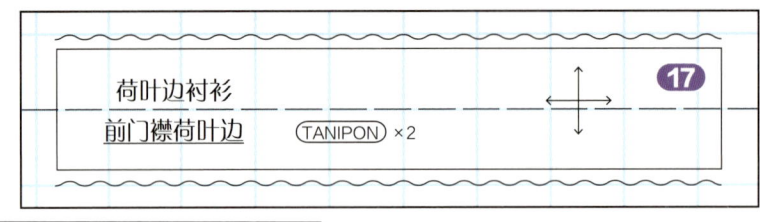

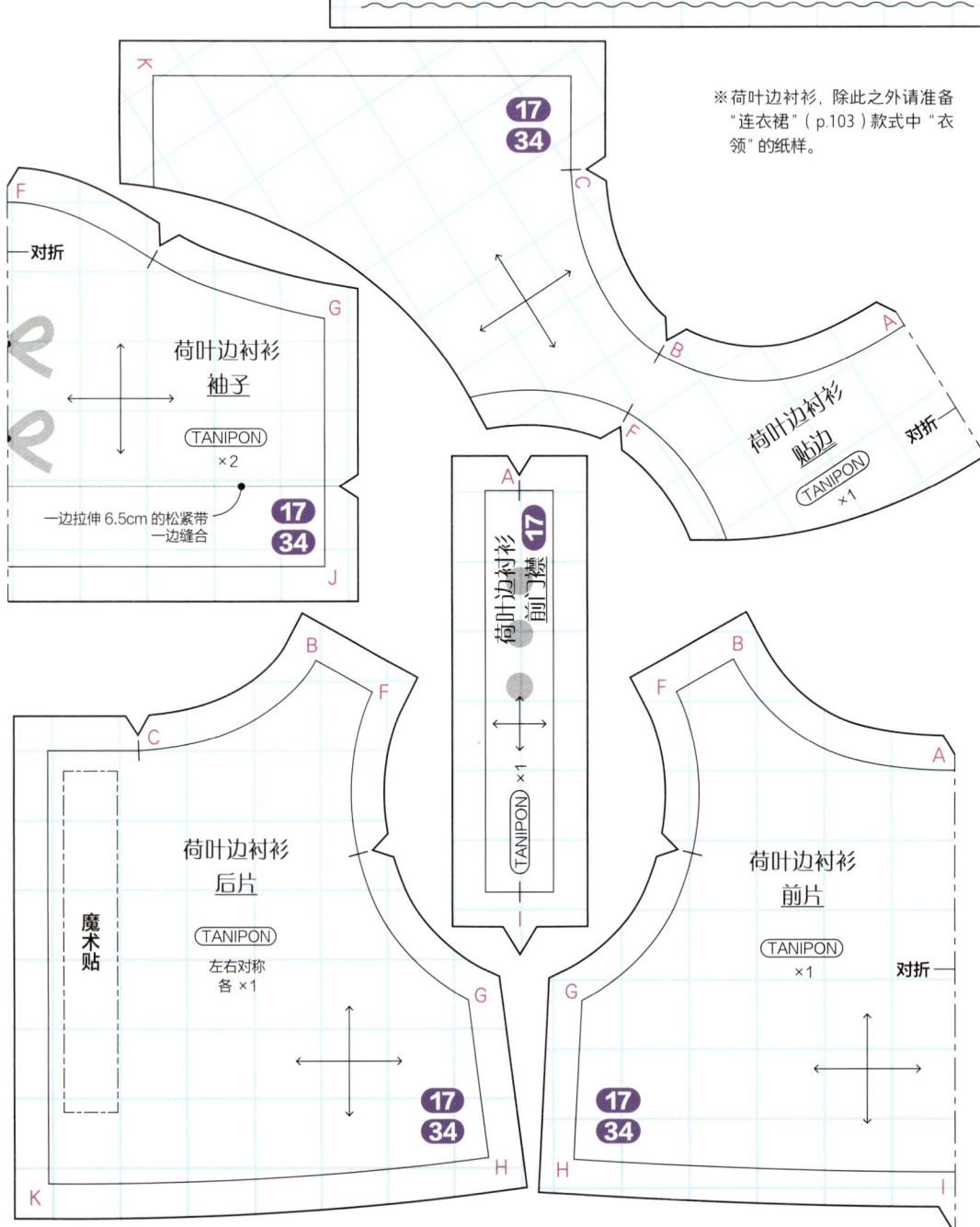

荷叶边衬衫 袖子 (TANIPON) ×2
一边拉伸6.5cm的松紧带一边缝合

荷叶边衬衫 贴边 (TANIPON) ×1
对折

荷叶边衬衫 前门襟 (TANIPON) ×1

荷叶边衬衫 后片 (TANIPON) 左右对称 各×1
魔术贴

荷叶边衬衫 前片 (TANIPON) ×1
对折

18 背带裙

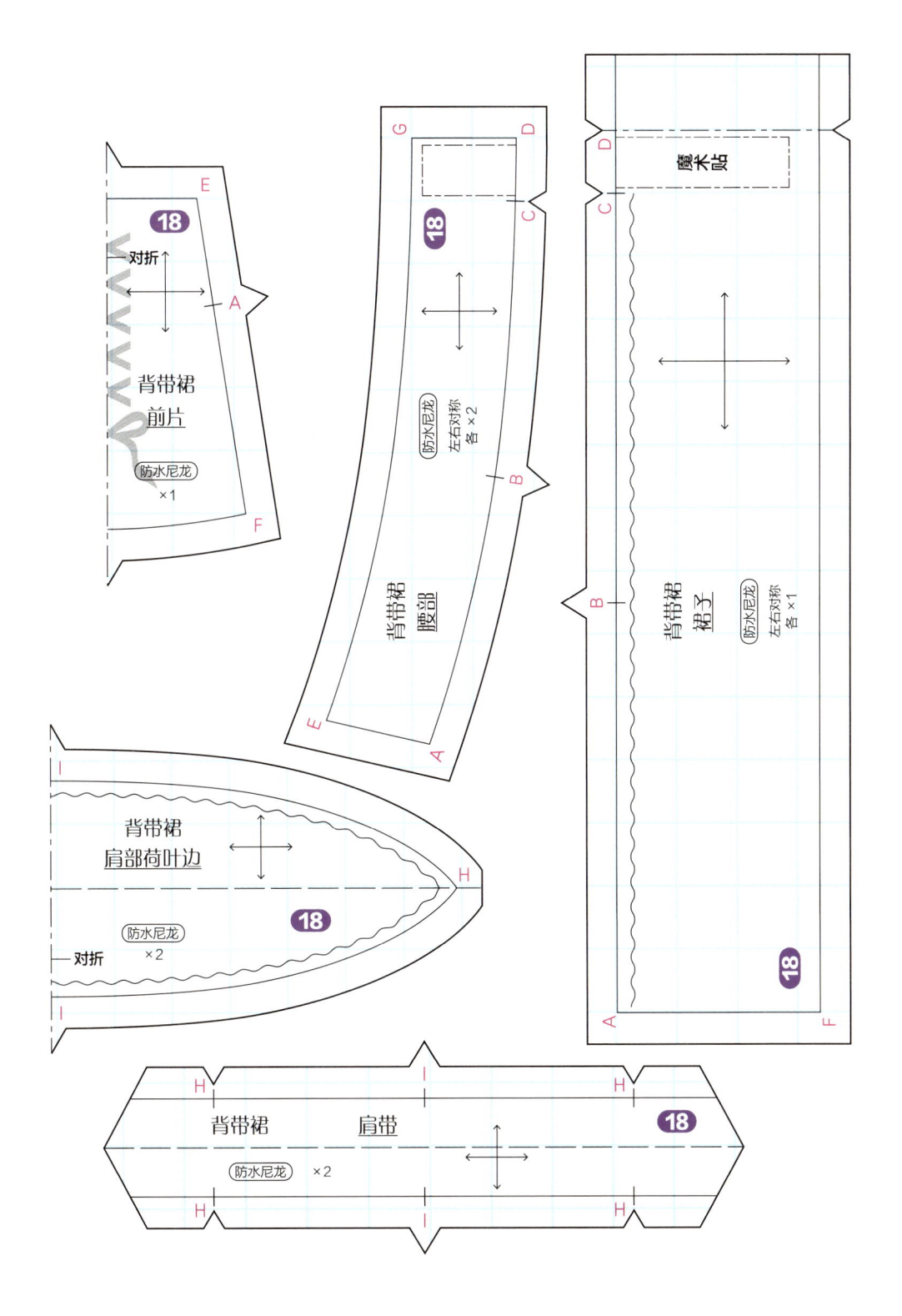

背带裙 前片 〔防水尼龙〕 ×1
对折

背带裙 腰部 〔防水尼龙〕 左右对称 各×2

背带裙 裙子 〔防水尼龙〕 左右对称 各×1

魔术贴

背带裙 肩部荷叶边 〔防水尼龙〕 ×2
对折

背带裙 肩带 〔防水尼龙〕 ×2

21 领结（涤纶缎面）×1

21 袖口（平纹布）×2 对折

19 花边裙 上层（平纹布）×1 对折 折返线

23 连裤袜（薄款弹力针织布）×2 对折

19 花边裙 下层（平纹布）×1 宽度55cm（含缝份）

19 花边裙
21 领结
21 袖口
23 连裤袜

101

20 兔耳朵发带

22 兔女郎装

25 花边褶发带 ①

兔女郎装 里布
针织里布（反面）
×1
对折

兔女郎装 前片
对折
单向缎面
×1

兔耳朵发带 兔耳朵
单向缎面
左右对称
各 ×2

兔女郎装 侧片
单向缎面
左右对称
各 ×1
22

22

尾巴的位置（参考）

缝线

※兔耳朵发带，除此之外请准备"花边褶发带"（p.102）中的"发带"纸样。

花边褶发带 花边褶
平纹布
×1
对折
对折

25

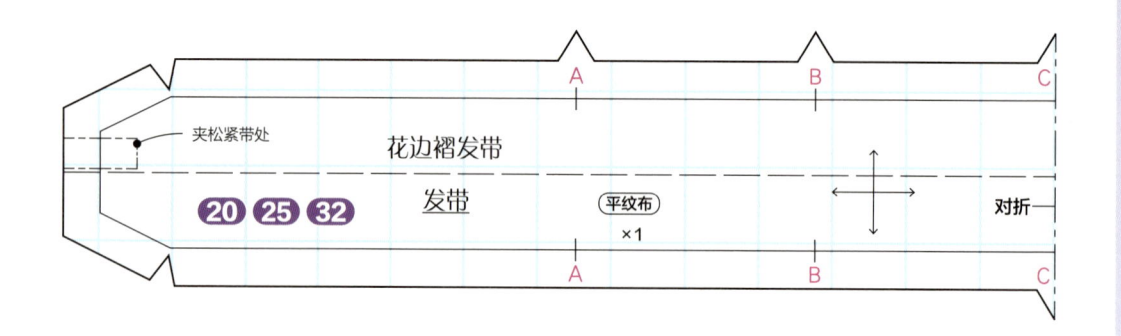

25 花边褶发带 ②

花边褶发带
夹松紧带处
发带
20 **25** **32**
平纹布 ×1
对折
A B C

26 连衣裙 ①

连衣裙 裙子①
平纹布 ×1
10 **26** **33**
平纹布 ×2
连衣裙 袖口
对折
与裙子②拼接

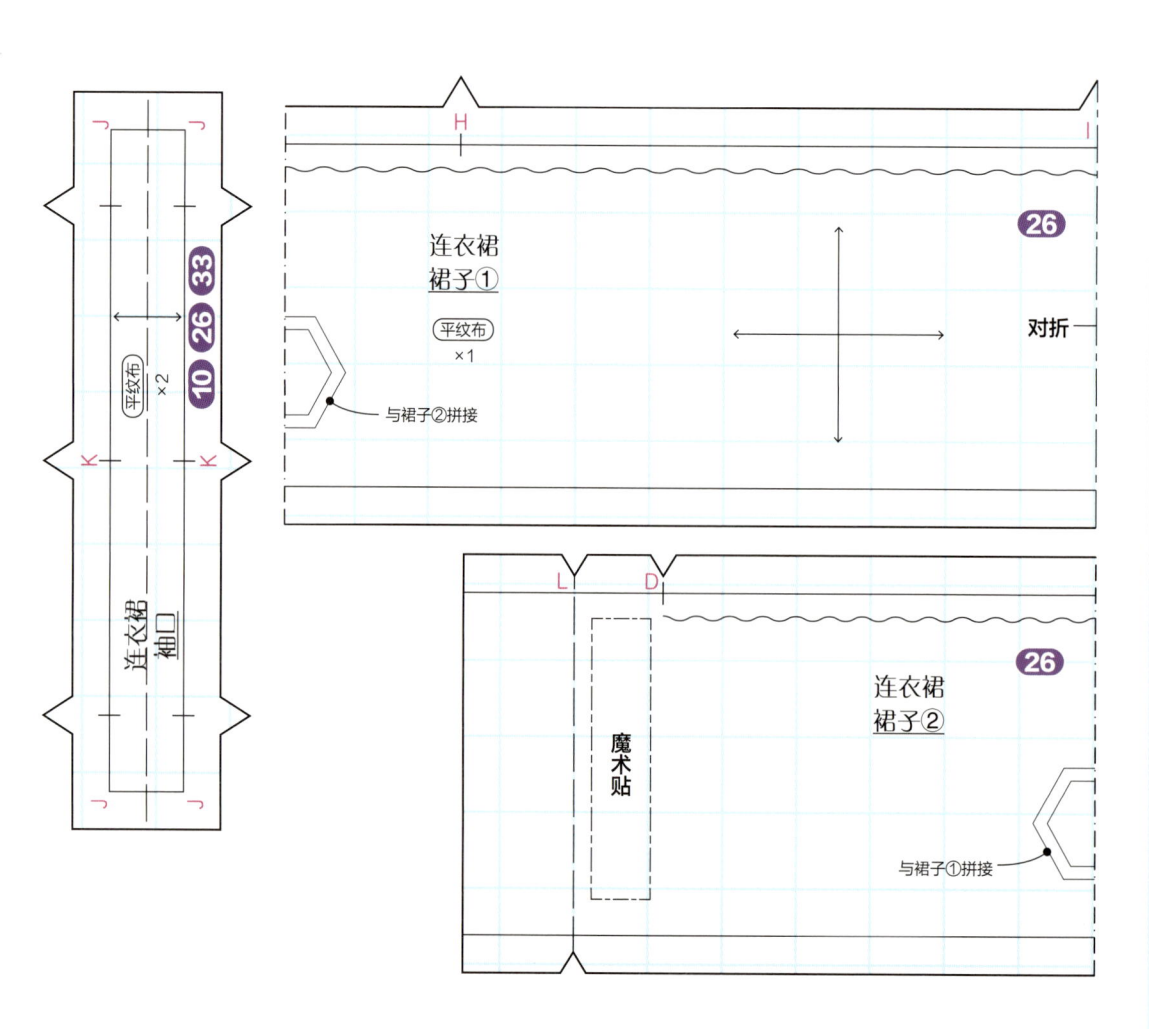

连衣裙 裙子②
魔术贴
与裙子①拼接

26 连衣裙 ②

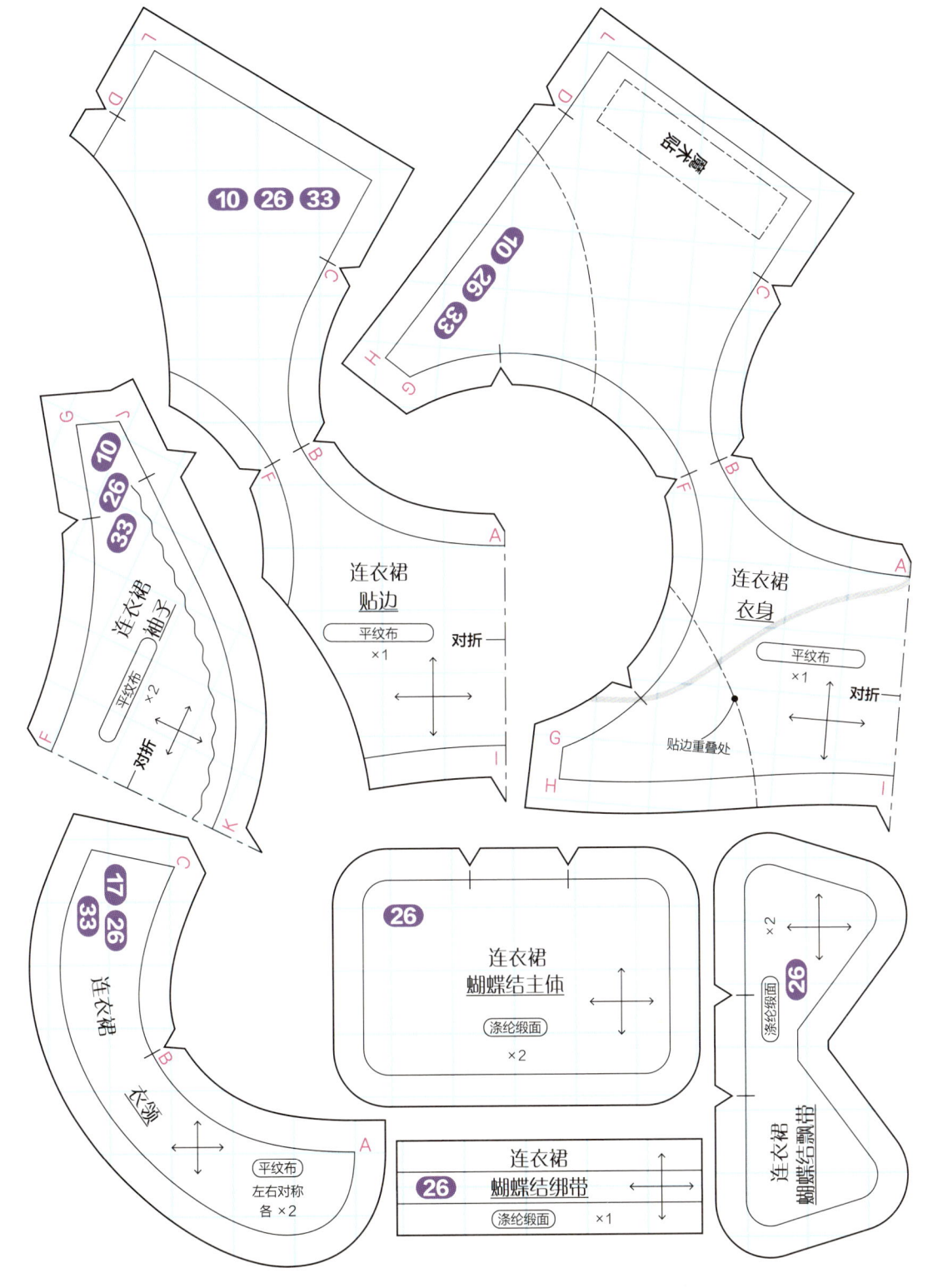

⑩ ㉖ ㉝

连衣裙 贴边
（平纹布）
×1
对折

连衣裙 衣身
（平纹布）
×1
对折

贴边重叠处

连衣裙 袖子
（平纹布）
×2
对折

连衣裙 衣领
（平纹布）
左右对称 各 ×2

连衣裙 蝴蝶结主体
（涤纶缎面）
×2

连衣裙 蝴蝶结绑带
（涤纶缎面）
×2

连衣裙 蝴蝶结绑带
（涤纶缎面）
×1

27 贝雷帽

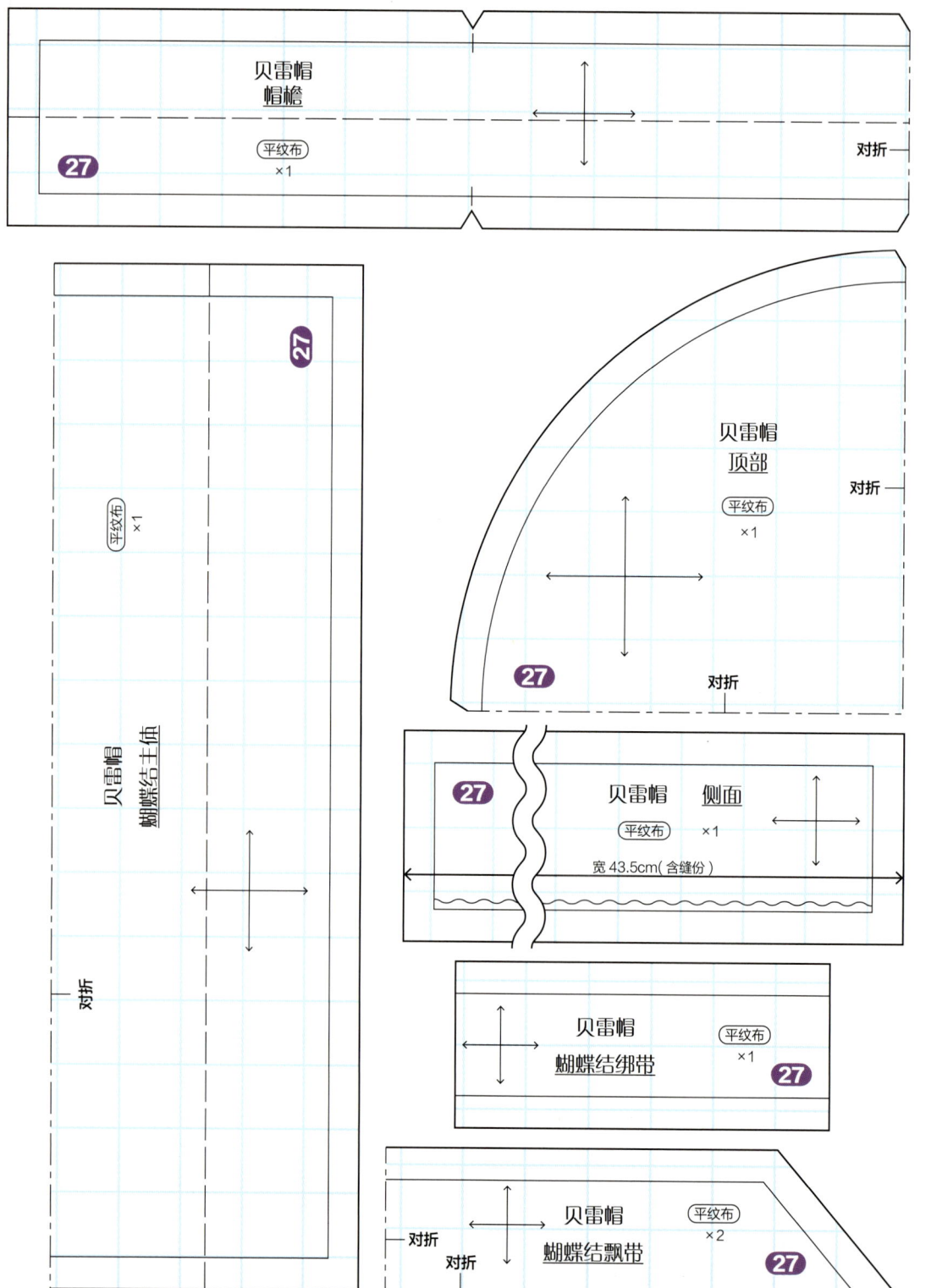

贝雷帽 帽檐
(平纹布) ×1
对折

贝雷帽 顶部
(平纹布) ×1
对折
对折

27 贝雷帽 蝴蝶结主体
(平纹布) ×1
对折

27 贝雷帽 侧面
(平纹布) ×1
宽43.5cm(含缝份)

贝雷帽 蝴蝶结绑带
(平纹布) ×1

贝雷帽 蝴蝶结飘带
(平纹布) ×2
对折

28 衬衫裙 ①

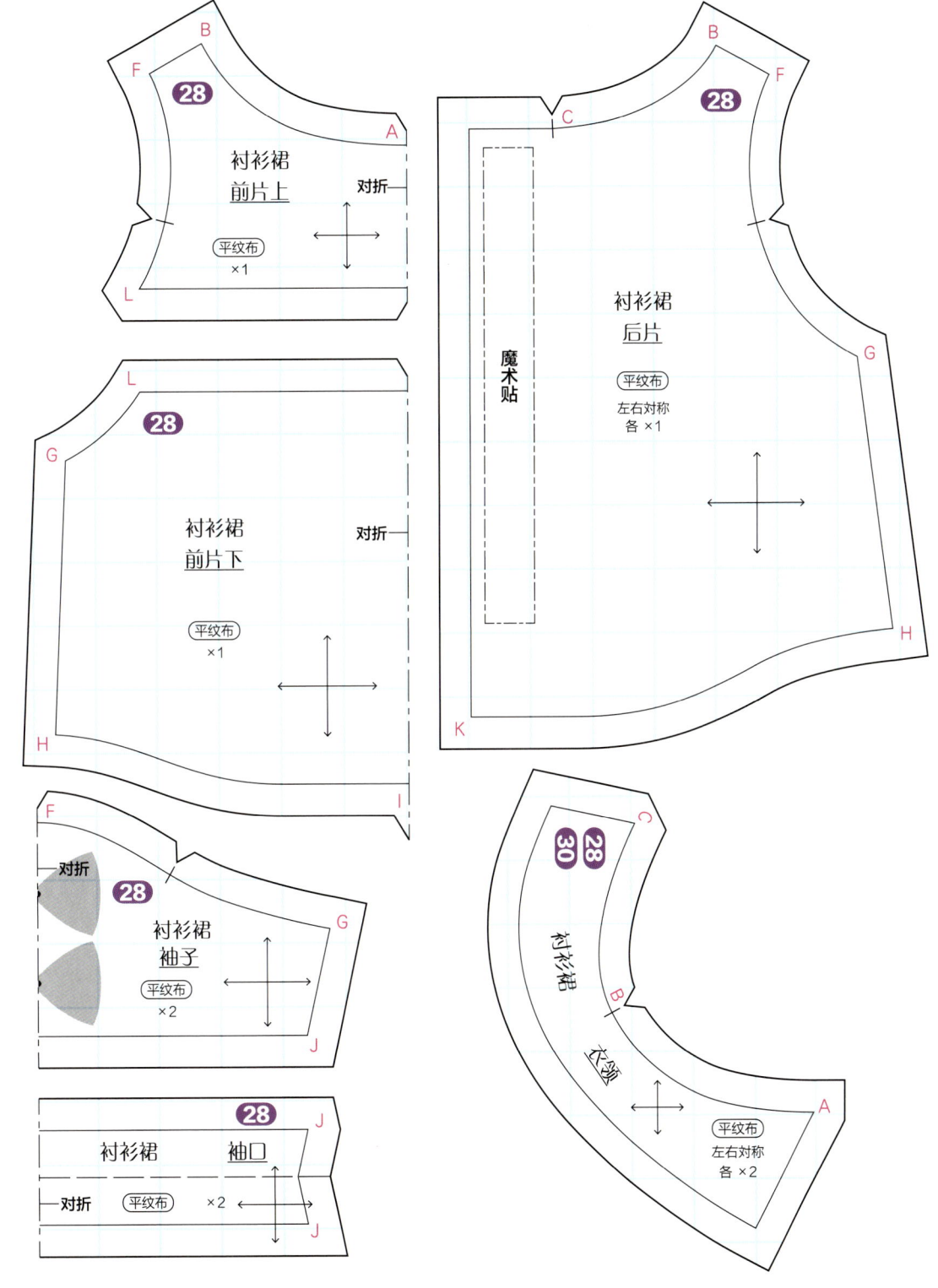

衬衫裙 前片上 平纹布 ×1 对折

衬衫裙 后片 平纹布 左右对称 各×1

魔术贴

衬衫裙 前片下 平纹布 ×1 对折

衬衫裙 袖子 平纹布 ×2 对折

衬衫裙 袖口 平纹布 ×2 对折

衬衫裙 衣领 平纹布 左右对称 各×2

05

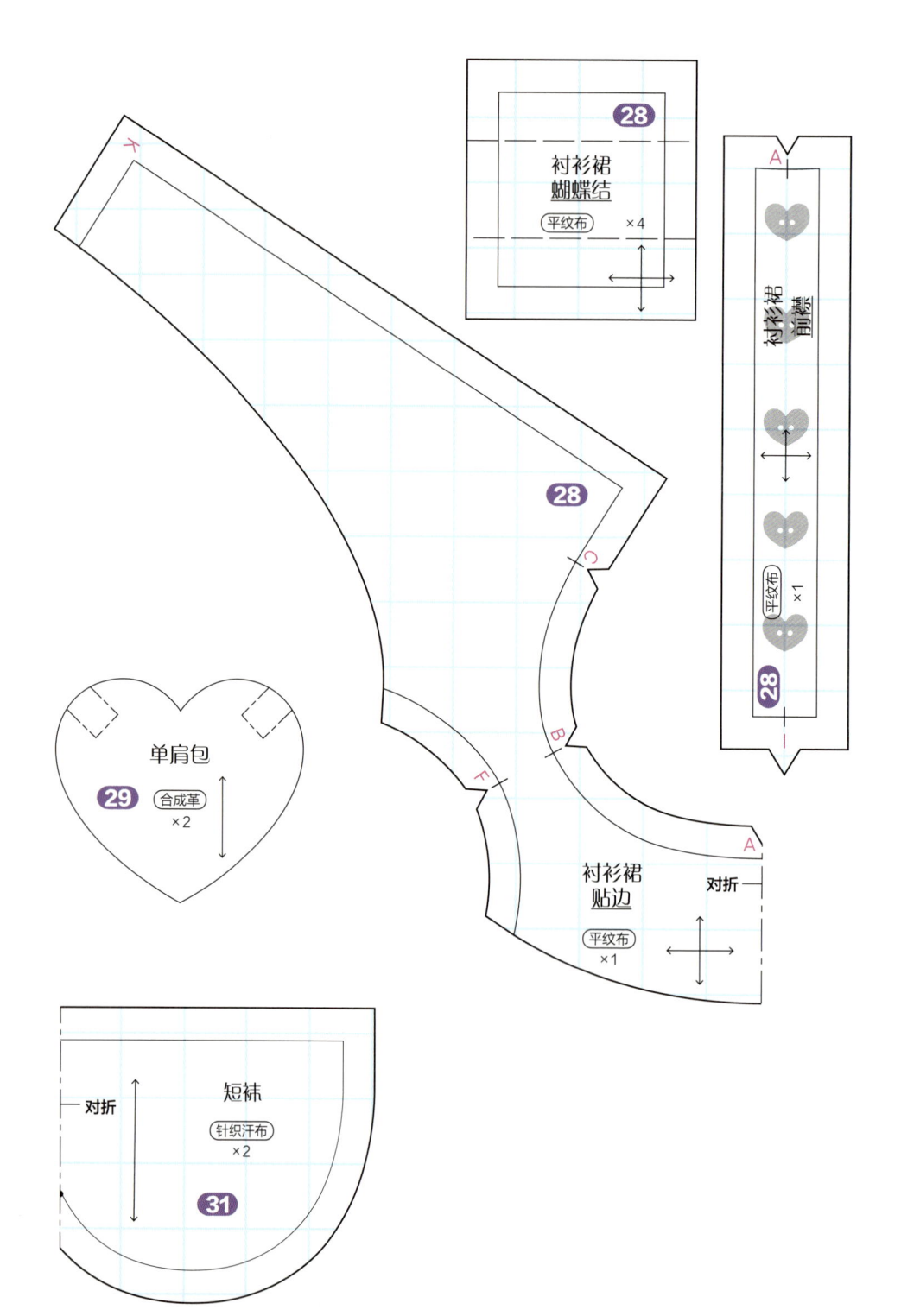

28 衬衫裙②

衬衫裙蝴蝶结　平纹布　×4

衬衫裙前襟　平纹布　×1

衬衫裙贴边　平纹布　×1　对折

29 单肩包

单肩包　合成革　×2

31 短袜

短袜　针织汗布　×2　对折

30 短袖衬衫

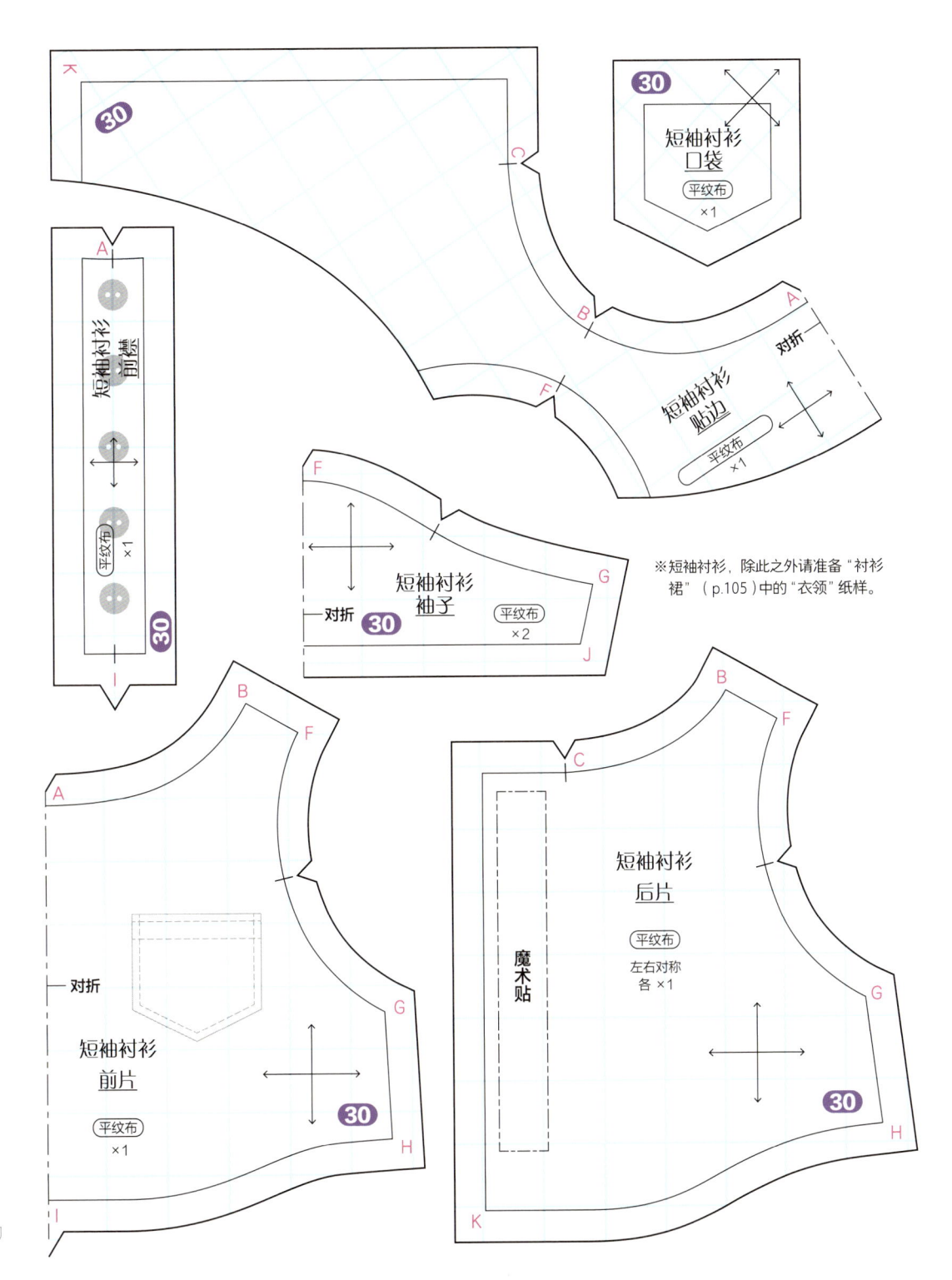

短袖衬衫 口袋
平纹布 ×1

短袖衬衫 贴边
平纹布 ×1

短袖衬衫 前襟
平纹布 ×1

短袖衬衫 袖子
平纹布 ×2

※短袖衬衫，除此之外请准备"衬衫裙"（p.105）中的"衣领"纸样。

短袖衬衫 前片
平纹布 ×1

短袖衬衫 后片
平纹布 左右对称 各×1

魔术贴

对折

32

丝带发带
主体
平纹布
×1

对折

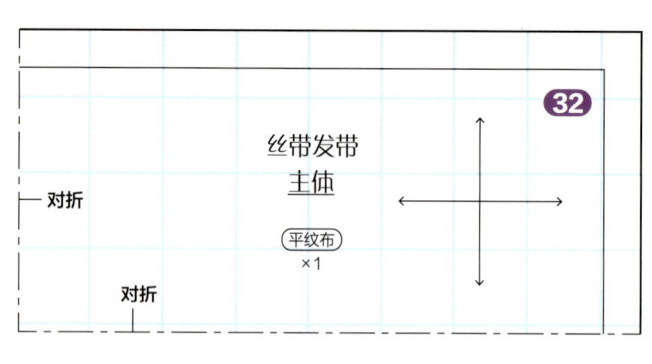

※丝带发带，除此之外请准备"花边褶发带"（p.102）中的"发带"纸样。

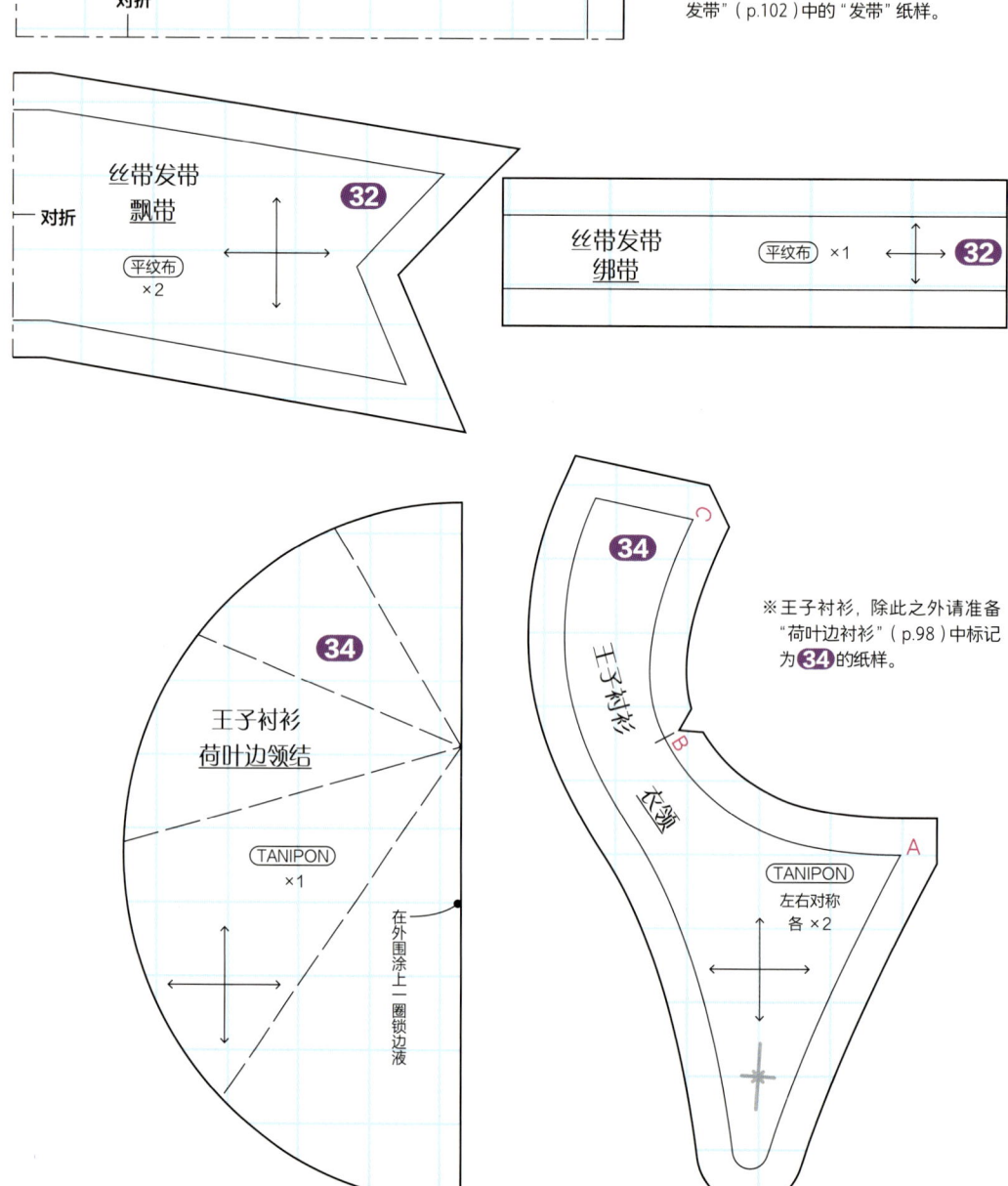

32

丝带发带
飘带
平纹布
×2

对折

32

丝带发带
绑带
平纹布 ×1

32 丝带发带

34 王子衬衫

34

王子衬衫
荷叶边领结
TANIPON
×1

在外围涂上一圈锁边液

34

王子衬衫
衣领
TANIPON
左右对称
各×2

C
B
A

※王子衬衫，除此之外请准备"荷叶边衬衫"（p.98）中标记为 **34** 的纸样。

108

33 少女漫画连衣裙

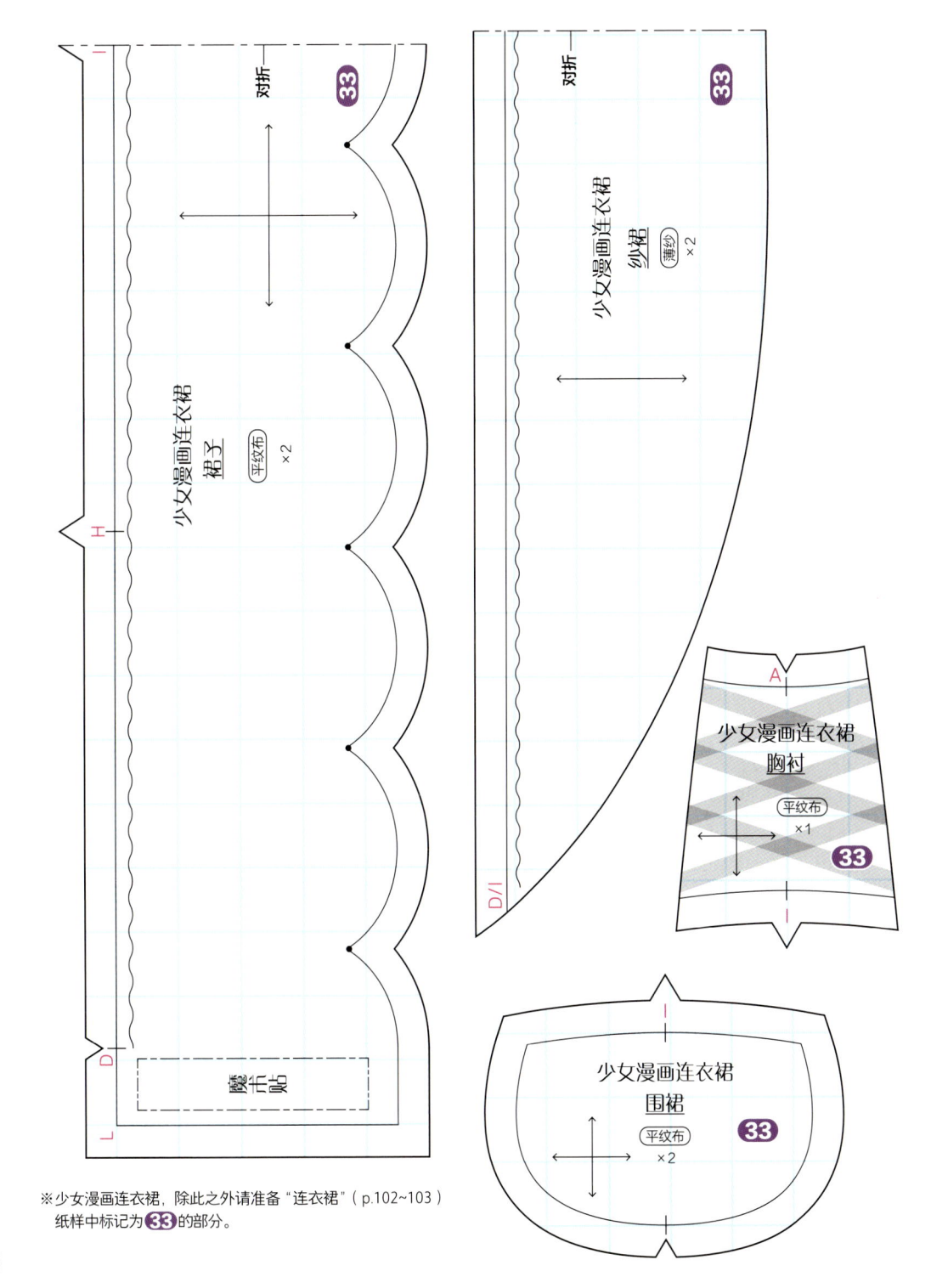

对折

33

少女漫画连衣裙
裙子
（平纹布）
×2

对折

33

少女漫画连衣裙
纱裙
（薄纱）
×2

少女漫画连衣裙
胸衬
（平纹布）
×1
33

魔术贴

少女漫画连衣裙
围裙
（平纹布）
×2
33

※少女漫画连衣裙，除此之外请准备"连衣裙"（p.102~103）纸样中标记为 **33** 的部分。

附录

脸部刺绣图案 &
发型纸样

- 本书中刊载的棉花娃娃wawa酱（p.4~15）面部刺绣图案与发型纸样可供下载（PDF 格式）。
- 请通过二维码或链接下载，并使用 A4 尺寸纸张以 100% 原比例打印。
- 更多的脸部刺绣图案和娃娃的制作方法，详见《てづくり推しぬいwawaちゃん》（日本 Graphic-sha出版社）。

※可以用于商业目的，但须遵守p.111的说明。
※未经许可禁止转载、复制本书内容。

扫描二维码下载

关于商用的说明

本书中刊登的纸样可用于商业用途，但有一定的限制。
请阅读下面的规则，享受制作娃衣的乐趣吧！

- 个人读者用本书中刊登的纸样制作而成的作品（成品），可以在义卖、二手市场、网上商店等渠道单独出售。
销售时，请务必注明您使用了本书的纸样。

示例

> 本作品是使用《棉花娃娃的时尚衣橱：1970—2025时尚之旅》中刊登的纸样制作的。

- 请知悉，对于使用本书纸样制作而成作品的销售问题，以及制作者与第三方之间因制作作品的权利关系而产生的纠纷，本书作者及出版社概不承担任何责任。

- 本书的纸样也可用于教育机构和福利机构等非营利场所的活动。

<禁止事项>

- 在使用本书纸样制作的作品进行销售或分发时，禁止对作品进行涉及色情或暴力等可能违反公序良俗的修改。
- 禁止以营利为目的传播本书纸样的复制品或对其进行修改后的版本，包括印刷物、电子版等分发形式，无论有偿或免费分享。
- 禁止销售使用本书纸样的手工材料包，或举办以营利为目的的培训、工作坊等活动。
- 禁止法人未经授权进行商业利用。
- 禁止使用本书纸样委托第三方制作部分或全部作品并进行销售。
- 禁止通过销售商等渠道有组织地销售使用本书纸样制作的作品。

针对未经授权且不符合使用条件的仿制品生产和销售行为，以及任何通过实质性复制手段模仿本书内容或纸样的行为，我方将依法采取包括法律诉讼在内的一切必要维权措施。

图书在版编目（CIP）数据

棉花娃娃的时尚衣橱：1970—2025时尚之旅 /（日）平栗阿兹萨著；梦伢 Musae 译 . -- 上海：东华大学出版社，2025.5. -- ISBN 978-7-5669-2546-6

Ⅰ . TS958.6

中国国家版本馆 CIP 数据核字第 2025RE7891 号

My Favorite NUIGURUMI Books
てづくり推しぬい wawa ちゃんのお洋服
ファッションタイムトラベル 1970 → 2025
著者：平栗阿兹萨

© 2024 Azusa Hirakuri

© 2024 Graphic-sha Publishing Co., Ltd.

This book was first designed and published in Japan in 2024 by Graphic-sha Publishing Co., Ltd.

This Simplified Chinese edition was published in 2025 by Donghua University Press Co., LTD.

Simplified Chinese translation rights arranged with Graphic-sha Publishing Co., Ltd. through CA-LINK International LLC

本书简体中文版由 Graphic-sha 授予东华大学出版社有限公司独家出版，任何人或者单位不得转载、复制，违者必究！

版权登记号：图字 09-2025-0142 号

日版创作团队
艺术指导：Azusa Hirakuri
插画绘制（制作方法）：Azusa Hirakuri
摄影：Kaori Murao
校对：Noriko Tamesue
设计：Megumi Sasaki (DUGHOUSE)
编辑：Aya Ogiu (Graphic-sha Publishing Co., Ltd.)
外文版制作与管理：Takako Motoki, Yuki Yamaguchi (Graphic-sha Publishing Co., Ltd.)

My Favorite **NUIGURUMI** Books
这是一套为制作娃娃而设计的系列丛书。
它源自我们希望让更多人能够轻松愉快地制作娃娃的愿望。

棉花娃娃的时尚衣橱
1970—2025时尚之旅
Mianhua Wawa de Shishang Yichu 1970—2025 Shishang Zhi Lü

责任编辑：哈申
版式设计：赵燕
封面设计：Ivy

著　者：［日］平栗阿兹萨
译　者：梦伢 Musae
出　版：东华大学出版社
（上海市延安西路1882号 邮政编码：200051）
出版社网址：dhupress.dhu.edu.cn
天猫旗舰店：http://dhdx.tmall.com
营销中心：021-62193056　62373056
印　刷：上海万卷印刷有限公司
开　本：889 mm x 1194 mm　1/24
印　张：4.75
字　数：158千字
版　次：2025年5月第1版
印　次：2025年5月第1次印刷
书　号：978-7-5669-2546-6
定　价：79.00元